AF462478

RECHERCHES

ANATOMIQUES ET ZOOLOGIQUES

FAITES PENDANT

UN VOYAGE SUR LES COTES DE LA SICILE

ET SUR DIVERS POINTS DU LITTORAL DE LA FRANCE.

(C.)

Paris. — Imprimerie de L. Martinet, rue Mignon, 2.

RECHERCHES
ANATOMIQUES ET ZOOLOGIQUES

FAITES PENDANT

UN VOYAGE SUR LES COTES DE LA SICILE

ET SUR DIVERS POINTS DU LITTORAL DE LA FRANCE;

PAR MM.

H. MILNE EDWARDS,

Membre de l'Institut (Académie des Sciences); Officier de la Légion-d'Honneur; Conseiller de l'Université; Doyen de la Faculté des Sciences; Professeur au Muséum d'Histoire naturelle; Membre de la Société nationale d'agriculture; de la Société royale de Londres; des Académies de Berlin, de Stockholm, de Saint-Pétersbourg, de Vienne, de Kœnigsberg, de Philadelphie et de Boston; de la Soc. imp. des Naturalistes de Moscou; de l'Institut de Naples; de l'Association britannique; des Soc. Linnéenne et Entomologique de Londres; de l'Institut historique du Brésil; de la Soc. Ethnologique de New-York; de la Soc. d'Histoire naturelle de l'île Maurice; des Soc. médicales de Suède, d'Edinburgh et de Bruges, Pharmaceutique de l'Allemagne septentrionale; Philomatique, Entomologique et Ethnologique de Paris; des Acad. de Lyon, Lille, etc.;

A. DE QUATREFAGES,

Docteur ès-sciences naturelles et mathématiques; Docteur en médecine; Chevalier de la Légion-d'Honneur; Ex-Professeur de Zoologie à la Faculté de Toulouse; Membre des Sociétés Philomatique, Ethnologique et Biologique de Paris, des Académies des Sciences de Toulouse, de Strasbourg, etc.;

ET

ÉMILE BLANCHARD,

Aide-Naturaliste au Muséum d'Histoire naturelle; Membre de la Société Philomatique, de la Société Entomologique de France, de l'Académie de Philadelphie, etc.

PREMIÈRE PARTIE.

PARIS.

VICTOR MASSON, LIBRAIRE,

PLACE DE L'ÉCOLE-DE-MÉDECINE, 17.

186[illegible]

RECHERCHES ZOOLOGIQUES

FAITES

PENDANT UN VOYAGE SUR LES COTES DE LA SICILE;

Par M. MILNE EDWARDS.

RAPPORT

ADRESSÉ A M. LE MINISTRE DE L'INSTRUCTION PUBLIQUE,
LE 10 NOVEMBRE 1844.

Les hommes qui s'occupent de l'étude des êtres vivants ont dû s'appliquer d'abord à acquérir des notions générales sur l'ensemble de cette portion de la création et sur les caractères à l'aide desquels chaque animal et chaque plante peut être distingué avec certitude de tous les autres corps organisés. Pour arriver à ce but, il fallait rassembler les produits naturels de tous les points du globe, les comparer entre eux, les nommer et les classer : aussi, pendant longtemps, les voyages lointains offraient-ils, tant pour la zoologie que pour la botanique, un intérêt capital ; mais lorsque le grand catalogue des êtres vivants s'est trouvé ébauché dans toutes ses parties, les travaux des collecteurs ont perdu de leur importance, et les naturalistes ont compris qu'il fallait chercher désormais à approfondir leur science plutôt qu'à en étendre la superficie ; laissant donc à d'autres mains le soin de rassembler les objets qu'ils avaient encore à inventorier, ils se sont attachés à l'étude de la nature intime des êtres dont les formes extérieures avaient jusqu'alors absorbé presque toute leur attention.

L'anatomie comparée est devenue dès ce moment le sujet principal de leurs recherches, et un des plus beaux titres de Cuvier est d'avoir hautement proclamé, comme principe, que la zoologie ne peut avoir de bases solides que lorsqu'elle repose sur la connaissance du mode d'organisation des êtres qu'elle est appelée à caractériser et à classer. Il a fait voir que, pour arriver à des idées justes sur le plan général du règne animal, il fallait pénétrer dans la structure intérieure de tous les types principaux dont se compose ce vaste ensemble, et par ses recherches sur l'anatomie des Mollusques, il a puissamment contribué à cette réforme qui constitue dans l'histoire de la zoologie une période nouvelle. En entrant dans cette voie, il fallait d'abord dégrossir en quelque sorte le travail et esquisser à grands traits la disposition générale des instruments de la vie chez les divers animaux. Pour obtenir ce résultat, on pouvait d'ordinaire se contenter de la dissection d'animaux conservés dans l'alcool, et nos musées fournissaient, par conséquent, d'amples matériaux aux investigations des zoologistes : aussi ce premier besoin fut-il assez promptement satisfait. Mais, dans la science, chaque conquête, longtemps avant d'être achevée, appelle une conquête nouvelle, et quand on a commencé à distinguer nettement les principales modifications de l'économie animale, on s'est posé d'autres questions. Les zoologistes se sont préoccupés alors des phénomènes de la vie considérée dans l'ensemble des êtres animés, et se sont demandé aussi quelles pouvaient être les lois qui régissent la constitution des animaux, et quel est le mécanisme, si j'ose m'exprimer ainsi, à l'aide duquel la nature en a varié le mode de structure.

La zoologie, après être restée longtemps essentiellement descriptive et avoir revêtu au commencement de ce siècle un caractère anatomique, a pris alors une direction plus physiologique : et en rappelant ici cette phase nouvelle de l'histoire naturelle des animaux, je ne pourrais, sans injustice, oublier le nom d'Étienne Geoffroy-Saint-Hilaire, qui, attaquant avec chaleur une multitude de questions fondamentales pour la philosophie de la zoologie, a imprimé un grand mouvement aux esprits, et a contribué plus que tout autre à diriger l'attention des observateurs sur un ordre de faits dont cette science retire aujourd'hui ses richesses nouvelles les plus précieuses. Mais à l'époque où Geoffroy, entraîné par son génie ardent, cherchait les lois de l'organisation animale, la zoologie manquait de données suffisantes pour la discussion de plusieurs des points les plus essentiels à établir, et c'était le travail lent de l'observation qui seul pouvait les fournir.

Dans cette période de la science, il devenait nécessaire d'étudier avec une scrupuleuse attention, d'une part, l'histoire du développement des animaux, et d'une autre part, les séries de modifications par lesquelles l'organisme se simplifie chez les êtres inférieurs : aussi vit-on alors un grand nombre de savants se livrer à des recherches sur l'embryologie, soit normale, soit tératologique, tandis que d'autres naturalistes s'appliquèrent de préférence à l'examen comparatif du mécanisme animal là où ses rouages sont le moins multipliés et où sa disposition générale offre le plus de variété (1). Mais les animaux inférieurs, que les zoologistes avaient tant d'intérêt à connaître, ne peuvent être bien étudiés que lorsqu'ils sont encore vivants. Par la dessiccation, ainsi que par la conservation dans les liqueurs alcooliques ou salines, leur corps se déforme, et toutes les parties les plus délicates de leur organisation se confondent ou se détruisent; pendant la vie, au contraire, leurs tissus offrent souvent assez de transparence pour permettre à l'observateur de distinguer non seulement tous leurs organes intérieurs, mais aussi le jeu de chacun de ces instruments physiologiques. Pour résoudre les problèmes nouveaux qui se présentaient aux zoologistes, il fallait donc abandonner les anciennes méthodes d'observation, ne plus se contenter de cadavres informes et scruter la nature vivante jusque dans ses parties les plus cachées. Il en résulta que les matériaux recueillis par les collecteurs et accumulés dans nos musées, quoique indispensables à la zoologie descriptive, ne suffirent plus à la zoologie

(1) Les naturalistes engagés dans cette voie sont si bien connus de tous les hommes de science, qu'il m'avait d'abord semblé inutile d'en citer les noms. Effectivement, quel est le zoologiste qui, en lisant ce passage, ne se rappellera les beaux travaux embryologiques de MM. Tiedmann, Serres, Baer, Rathke, Herold et Bischoff, par exemple, ainsi que les recherches tératologiques de MM. Geoffroy-Saint-Hilaire père et fils? Parler des services rendus depuis vingt ans par l'étude des organismes inférieurs, c'est aussi signaler implicitement à la reconnaissance des zoologistes Audouin et Dugès en France, M. Ehrenberg en Allemagne, M. Nordmann en Russie, M. Delle-Chiaje en Italie, et un grand nombre d'autres savants dont les travaux enrichissent encore chaque jour la science.

physiologique. L'observateur ne pouvait plus rassembler dans son cabinet tous les objets de ses études ; il lui fallait poursuivre ses investigations partout où la nature a placé les êtres dont il avait à s'occuper, soumettre à ses expériences les animaux les plus frêles sans détruire en eux le mouvement vital, et en scruter attentivement la structure intime à l'aide du microscope aussi bien que du scalpel. C'est de la sorte qu'aujourd'hui les zoologistes, engagés dans cette voie, de même que les naturalistes adonnés à la recherche des espèces nouvelles, sont obligés de visiter divers points du globe; mais, tandis que ces derniers peuvent se contenter de courses rapides pendant lesquelles ils se bornent à ramasser tout ce qui se présente devant eux, les premiers ne peuvent remplir leur tâche qu'en séjournant pendant un temps assez long dans chacune des localités dont ils ont à étudier les produits. C'est peut-être faute de pouvoir en agir ainsi que la plupart des naturalistes attachés à nos grandes expéditions maritimes ne se sont guère occupés que de former des collections, et, dans l'intérêt de la science, il serait à désirer qu'ils pussent désormais se livrer à des études plus approfondies. Mais cette question est étrangère au sujet dont je dois vous entretenir en ce moment, monsieur le Ministre, et si j'en ai dit quelques mots, c'était seulement afin de pouvoir caractériser plus nettement la direction des recherches que je viens de faire sous vos auspices.

Ces travaux, entrepris dans la vue de jeter quelques lumières sur la nature intime des animaux inférieurs et de nous conduire ainsi à nous former des idées plus justes sur le plan général de la création animée, ne sont que la continuation des recherches que j'ai commencées, il y a bientôt vingt ans, de concert avec un ami dont je regretterai toujours la perte. Effectivement, en me livrant avec Audouin à l'étude de la Faune maritime de la France, notre but n'était pas la découverte de quelques espèces nouvelles dont les noms viendraient grossir les catalogues des zoologistes, mais bien la connaissance physiologique d'une foule d'êtres chez lesquels chaque fonction de la vie se simplifie tour à tour, et l'organisme tout entier se prête aux combinaisons les plus variées. Les Zoophytes, les Mollusques, les Vers et les Crustacés des côtes de l'Océan et de la Manche, nous ont fourni, pendant longtemps, ample matière à observations. Après avoir étudié à diverses reprises les principaux types zoologiques qui se rencontrent en abondance dans ces mers, j'ai désiré y comparer les espèces propres à des régions plus chaudes, et, dans cette vue, j'ai fait plusieurs voyages sur les bords de la Méditerranée, en Provence, en Italie et en Algérie, par exemple. Là, je rencontrais, en effet, des êtres dont la structure intérieure et le mécanisne physiologique différaient beaucoup de ce que j'avais vu dans le nord ; mais des obstacles, dépendant de circonstances toutes locales, y sont venus accroître les difficultés de la tâche que je m'étais imposée.

En effet, dans la Manche et même sur nos côtes occidentales, la mer, en se retirant chaque jour, rend accessible à l'observateur les retraites où se cachent la plupart des animaux inférieurs dont il me fallait étudier la physiologie ; il m'avait donc été facile de m'en procurer un nombre suffisant pour des travaux de ce genre, et je pouvais même les examiner sur place sans changer en rien leur mode d'existence ordinaire. Dans la Méditerranée, au contraire, l'absence des marées prive le naturaliste de ce mode d'exploration, et pour se procurer les animaux de cette mer, on a recours à la drague et à d'autres moyens de pêche à l'aide desquels on ramasse aveuglément ce qui se rencontre à des profondeurs plus ou moins considérables. De là des difficultés très grandes, lorsqu'on veut étudier les phénomènes de la vie chez les animaux inférieurs propres à ces parages ; et en présence de ces obstacles, j'ai souvent eu le désir de descendre dans une cloche à plongeur, afin de pouvoir examiner à loisir les rochers sous-marins habités par des êtres dont je voulais faire l'objet de mes recherches. Mais la cloche à plongeur, à raison de son volume et de son poids, n'est pas d'un usage facile. Ce n'est pas sur un petit bateau pêcheur, et à l'aide d'un faible équipage, qu'on peut la manœuvrer; il m'a donc fallu y renoncer. J'ai alors pensé qu'il serait possible d'arriver au même résultat en ayant recours à un appareil analogue à celui qui a été inventé par le colonel Paulin pour servir dans les cas d'incendie, où il faut pénétrer au milieu d'une fumée épaisse et de vapeurs dont l'action sur les poumons serait promptement mortelle. Je savais, d'ailleurs, que cet officier distingué avait modifié son appareil dans la vue de l'adapter aux besoins des ouvriers qui ont à travailler sous l'eau, et il m'a semblé que, dans certaines circonstances, le zoologiste pourrait en tirer de grands avantages. Je me suis donc déterminé à tenter ce mode nouveau d'exploration sous-marine, et c'est dans les eaux calmes et transparentes des côtes de la Sicile que j'ai voulu en faire l'expérience, car dans ces mers, j'espérais trouver en grand nombre les animaux dont je désirais étudier la structure et le mode de développement. Vous avez bien voulu, monsieur le Ministre, mettre à ma disposition les fonds nécessaires pour l'exécution de cette expérience, et l'Académie des sciences m'a confié un appareil de plongeur, construit sous la direction du colonel Paulin.

Cet appareil consiste dans un réservoir métallique ayant la forme d'un casque, et communiquant, à l'aide d'un long tube flexible, avec une pompe foulante destinée à y pousser de l'air. Revêtu de ce casque, dont la visière est vitrée et dont le bord inférieur s'adapte sur un coussin placé autour du cou, je m'alourdissais à l'aide de sandales de plomb, afin de faire contre-poids à la masse d'air qu'il me fallait emporter avec moi au fond de l'eau; et, m'accrochant à une corde convenablement disposée, je me laissais descendre dans la mer. Là, ma respiration n'aurait pas tardé à épuiser la petite provision d'air vital contenue dans mon casque; mais des hommes chargés de manœuvrer la pompe foulante m'en envoyaient à chaque instant de nouvelles quantités, au moyen du tube qui établit la communication entre ce réservoir portatif et l'atmosphère. L'air ainsi injecté arrivait promptement jusqu'à moi, et, s'échappant ensuite au dehors par les interstices restés béants entre le cou et le bord inférieur du casque, servait non seulement à alimenter ma respiration, mais aussi à empêcher l'eau de s'élever jusqu'au niveau de ma bouche, ce qui aurait déterminé l'asphyxie. S'agissait-il de remonter, j'en donnais le signal à une personne placée sur le bateau où se trouvait la pompe, et les matelots me hissaient à bord au moyen de la corde dont je m'étais précédemment servi pour plonger; ou bien, me débarrassant de mes sandales de plomb, je me laissais emporter rapidement jusqu'à la surface de la mer par l'action de mon casque, qui, étant rempli d'air et se trouvant entouré d'eau, tendait à s'élever comme le ferait dans l'atmosphère un ballon rempli de quelque gaz léger.

Pour devenir d'un usage commode, cet appareil aurait encore besoin de quelques perfectionnements; mais tel qu'il est, j'ai pu m'en servir utilement dans plusieurs localités. Souvent je suis resté plus d'une demi-heure sous l'eau occupé à examiner minutieusement les anfractuosités des rochers sous-marins qui servent d'habitation à une foule de Mollusques, d'Annélides et de Zoophytes. J'ai pu, sans inconvénient, pousser ces explorations à une profondeur de plus de vingt pieds, et si j'avais eu un bâtiment plus grand et un équipage plus nombreux, il m'aurait été facile de descendre à des profondeurs beaucoup plus considérables; mais l'imperfection des moyens de sauvetage que je pouvais établir à bord de mon bateau pêcheur m'a fait penser qu'il y aurait de l'imprudence à l'essayer. Effectivement, en cas d'accident, de quelque dérangement dans le jeu d'une soupape, de la rupture du tube respirateur, ou même de l'ascension de l'eau dans l'intérieur du casque jusqu'au niveau des narines du plongeur, celui-ci ne pourrait échapper à l'asphyxie qu'en regagnant promptement l'atmosphère et en se débarrassant de l'appareil dans lequel il se trouve renfermé. Or, pour le faire remonter d'une profondeur de plus de vingt pieds et pour rétablir une communication libre entre les poumons et l'air, il nous fallait plus de trois minutes, ce qui aurait pu devenir dangereux; et dans des expériences de ce genre, il faut chercher à tout prévoir.

Je le répète donc, cet appareil, pour rendre aux naturalistes tous les services qu'on peut en attendre, a besoin d'être perfectionné; mais, d'après l'usage que j'en ai fait, j'ai la preuve que, dans certaines localités, il peut être déjà d'un grand secours. Ainsi en explorant par ce moyen les rochers sous-marins et le fond du port de Milazzo, je me suis procuré un nombre immense d'œufs de Mollusques et d'Annélides, dont je désirais étudier le développement; ailleurs j'ai pu aller saisir dans les anfractuosités du sol les plus petits animaux qui y vivent fixés, et qu'on ne trouve pas ailleurs; je voyais parfaitement tout ce dont j'étais entouré, et c'était la fatigue musculaire seulement qui m'empêchait de me promener au fond de la mer, comme j'aurais pu le faire sur la plage.

Afin d'utiliser, autant que possible, les moyens d'exploration que vous aviez mis à ma disposition, monsieur le Ministre, j'ai engagé deux habiles zoologistes à se joindre à moi, et c'est avec M. de Quatrefages, chargé par l'Académie des sciences d'une mission spéciale, et avec M. Blanchard, mon aide-naturaliste au Muséum, que j'ai étudié la Faune marine de la Sicile. Mais pour laisser à chacun de nous ce qui lui appartient réellement, je dois dire que nous n'avons entrepris aucun travail en commun. Chacun de nous a choisi un certain nombre de sujets de recherches, et, bien que nous nous soyons en général communiqué nos observations à mesure que nous les faisions, de façon à pouvoir mutuellement en contrôler les résultats, je crois devoir déclarer formellement que notre coopération n'a pas été plus loin, et que, pour ma part, si j'ai contribué en quelque chose au succès de leurs recherches, ce n'a été qu'en mettant au service de mes compagnons de voyage tous les moyens de travail que vous avez bien voulu me fournir.

Au mois de mars dernier, nous avons commencé nos explorations à la Torre dell' Isola, persqu'île située à quelques lieues de Palerme; puis, nous dirigeant vers l'est, nous avons fait une station au cap Santo-Vito, et nous avons employé environ six semaines à étudier la Faune marine de l'île de Favignana, un des points les plus riches de ces mers. La côte sud de la Sicile, depuis Trapani jusqu'à Selinunte, nous parut peu favorable à nos travaux; nous avons par conséquent renoncé à aller plus loin dans cette direction, et, retournant par Palerme, nous avons été nous établir successivement à l'extrémité du cap Milazzo, à Stromboli, à Messine, à Taormine et à Catane; nous avons visité aussi la côte d'Augusta et de Syracuse; enfin, au retour, nous avons fait des excursions zoologiques aux environs de Naples, et, afin d'avoir quelques termes de comparaison nécessaires pour nos recherches, je suis allé en dernier lieu sur divers points des côtes de la France.

Avant de vous rendre compte des résultats scientifiques de notre voyage, je vous demanderai la permission, monsieur le Ministre, de m'acquitter d'un autre devoir en exprimant ici toute ma reconnaissance envers les personnes qui ont bien voulu aplanir en ma faveur les difficultés dont les explorations de ce genre sont toujours accompagnées. Grâce à l'obligeance de M. de Montebello, ambassadeur de France à Naples, j'ai obtenu du gouvernement napolitain toutes les facilités désirables en matière de douanes et de police, et parmi les habitants de la Sicile à qui je dois le plus, je citerai le duc de Serra di Falco, l'un des dignes correspondants de notre Institut; le duc de Cacamo, président de la commission sanitaire de l'île; M. l'abbé Picollo et le chancelier du consulat de France à Palerme, M. Pierrugues; j'ajouterai aussi que tous nos agents consulaires en Sicile ont mis la plus grande obligeance dans leurs relations avec moi et mes compagnons de voyage.

La première question dont j'ai cherché la solution est relative à l'embryologie des vers de la classe des Annélides. Dans un précédent travail, j'avais cru pouvoir établir que les affinités zoologiques (c'est-à-dire l'espèce de parenté qui semble exister à différents degrés entre tous les êtres animés) sont proportionnelles à la durée plus ou moins longue d'une certaine similitude dans la marche des phénomènes génésiques chez l'embryon des divers animaux; de sorte que ceux-ci, lorsqu'ils sont en voie de formation, cessent de se ressembler d'autant plus tôt qu'ils appartiennent à des groupes distincts d'un rang plus élevé dans le système de nos classifications naturelles, et que les caractères essentiels, dominateurs, de chacune de ces divisions, consisteraient, non pas, comme on le pense généralement, dans quelques particularités de formes organiques visibles chez les adultes, mais dans l'existence plus ou moins prolongée d'une constitution primitive commune, du moins en apparence. Cette théorie, si elle est vraie, nous donnerait la clef de la méthode naturelle en zoologie, et elle s'accorde avec tous les faits les mieux constatés en embryologie ; mais elle paraissait cadrer mal avec quelques observations faites récemment sur le développement des Annélides. Il était donc nécessaire de soumettre à un nouvel examen l'embryologie de ces Vers, sujet qui, d'ailleurs, avait été jusqu'ici à peine effleuré. Pendant mon voyage en Sicile, j'ai pu m'en occuper, et les observations que j'ai recueillies me semblent devoir offrir de l'intérêt pour la zoologie physiologique. J'ai constaté chez ces animaux des métamorphoses non moins grandes que les changements subis par la Chenille lorsqu'elle se transforme en Papillon, et j'ai eu la satisfaction de voir que, loin d'être en désaccord avec les idées que je viens de rappeler, touchant la subordination des affinités naturelles des animaux à la durée du parallélisme dans la direction des phénomènes génésiques, l'embryologie des Annélides fournit de nouveaux arguments à l'appui de cette théorie.

Une seconde série d'observations a eu pour objet l'ovologie des Mollusques marins de la classe des Gastéropodes et a conduit également à des résultats dont la tendance générale est analogue à celle des faits que m'avait fournis l'étude embryologique des Vers. Effectivement, chez tous les animaux de ce groupe, dont j'ai pu suivre le développement dans l'œuf, j'ai vu que l'embryon offre d'abord les mêmes caractères, et que c'est dans les dernières périodes de ses métamorphoses que le jeune animal acquiert les particularités d'organisation d'après lesquelles la classe dont il fait partie se subdivise en familles et en genres distincts. Ainsi, jusqu'à un certain âge, les larves des Vermets, des Cérites, des Pleurobranches, des Doris et des Aplysies m'ont offet le même mode de conformation ; et c'est seulement lorsqu'elles s'étaient déjà constituées comme Mollusques gastéropodes que je commençais à apercevoir dans leur structure quelques différences d'un ordre secondaire. Je me suis également assuré que chez tous ces êtres la série des développements organiques n'est pas la même que chez les animanx vertébrés, et j'ai pu me convaincre de l'existence d'un certain rapport entre le degré d'importance qu'offrent les grands appareils de l'économie, considérés sous le rapport zoologique, et l'ordre chronologique de leur apparition dans l'organisme naissant. J'ajouterai aussi que tous les phénomènes génésiques, dont j'ai été témoin, me semblent contraires à l'opinion de quelques savants célèbres, suivant lesquels l'embryon des animaux supérieurs, celui de l'homme lui-même, offrirait successivement des modes d'organisation analogues à l'état permanent de chacun des principaux types inférieurs du règne animal, de sorte que le Mollusque, par exemple, serait le représentant stable de l'une des formes transitoires du jeune Mammifère en voie de formation. Loin de là, le Mollusque, dès son origine, se constitue d'après un mode qui lui est propre, et les premiers caractères de l'animalité qui se montrent dans l'embryon du Mammifère sont ceux en vertu desquels celui-ci appartient à la grande division des vertébrés, de sorte que les différences sont primordiales et que les rapprochements de la nature des hypothèses dont je viens de parler ne peuvent être justifiés.

Sur les côtes de la Sicile, je pouvais me procurer facilement des Mollusques dont la taille est beaucoup plus grande que celle des espèces de notre littoral, et dont l'étude anatomique est par cela même plus facile. J'ai profité de cette circonstance pour soumettre à un nouvel examen le mécanisme de la circulation chez ces animaux, et je suis arrivé à un résultat très inattendu, car j'ai acquis la certitude que, chez les Mollusques, même les plus parfaits, le système des vaisseaux à l'aide desquels le sang circule dans l'économie est plus ou moins incomplet, de sorte que, dans certains points du cercle circulatoire, ce liquide s'épanche dans les grandes cavités du corps ou dans les lacunes dont la substance des tissus est creusée. Sous ce rapport, la structure de ces animaux est par conséquent beaucoup moins parfaite que celle des vertébrés et se rapproche extrêmement du mode d'organisation que j'avais déjà constaté chez les Crustacés.

Depuis la publication des recherches qu'en 1826 j'ai faites, de concert avec Audouin, sur la circulation du sang chez ces derniers animaux, d'autres anatomistes se sont occupés du même sujet et sont arrivés sur quelques points à des résultats en discordance avec les nôtres. Il m'a semblé, par conséquent, nécessaire de reprendre ce travail ; et pendant mon séjour sur les bords de la

Méditerranée, j'ai fait de nouvelles expériences sur la circulation chez les Squilles et chez quelques autres animaux de la même classe. Cette étude m'a confirmé encore davantage dans l'opinion que j'ai souvent énoncée relativement à l'insuffisance des recherches anatomiques faites sur des animaux conservés dans l'alcool. En observant des Squilles vivants, il m'a été facile de reconnaître la cause des erreurs singulières auxquelles les dissections de ce genre ont donné lieu dans ces dernières années, et de redresser des inexactitudes que j'avais moi-même commises dans mon premier travail.

Les animaux gélatineux que l'on voit flotter dans la mer, et que l'on connaît sous le nom commun d'Acalèphes, sont très variés sur les côtes de la Sicile. J'en ai étudié un grand nombre, et je me suis assuré que, dans toute la famille des Ciliogrades, l'organisation intérieure est presque identique, bien que les formes extérieures de ces Zoophytes offrent les différences les plus grandes. Chez toutes les espèces de la Méditerranée, j'ai trouvé un système nerveux semblable à celui que j'avais découvert dans le genre *Lesueuria*, et, depuis mon retour en France, j'ai complété ces observations en constatant que le *Cydippe ovatus* ne fait pas exception à cette règle, ainsi qu'on devait le croire d'après le travail d'un anatomiste anglais, M. Grant.

La plupart des zoologistes rangent dans cette même classe des Acalèphes des êtres fort singuliers et d'une grande élégance, qui ressemblent à des guirlandes de fleurs plutôt qu'à des animaux ; mais les observateurs n'ont pas fixé leur attention sur l'anatomie de ces Zoophytes ; et il y a peu d'années, on ne savait encore presque rien relativement à leur structure intérieure. Les Stéphanomies, découvertes par Péron et Lesueur pendant leur voyage aux terres Australes, sont de ce nombre. En 1840, j'en ai disséqué quelques individus à Nice ; mais je n'avais pu qu'en ébaucher l'histoire anatomique, et pendant mon voyage de Sicile, j'ai repris ce travail, qui maintenant offrira, je l'espère, de l'intérêt pour les naturalistes.

Ce sont là, monsieur le Ministre, les points principaux dont je me suis occupé cet été ; mais, tout en poursuivant les observations qui me semblaient devoir fixer plus particulièrement mon attention, j'ai cherché à profiter des circonstances favorables dans lesquelles je me trouvais pour recueillir quelques autres faits d'un intérêt secondaire; ce serait abuser de vos moments que d'en faire ici l'énumération, et j'ajouterai seulement que j'ai dessiné d'après le vivant tous les détails anatomiques les plus importants relatifs à chacune des séries de recherches dont j'ai eu l'honneur de vous entretenir. Ces dessins formeront un atlas considérable, et je désire vivement pouvoir les publier à l'appui de mes observations.

Pendant que je me livrais à ces travaux, M. de Quatrefages s'occupait activement d'autres recherches entreprises dans des vues analogues. Il a étudié avec persévérance l'organisation intérieure d'un grand nombre d'animaux inférieurs intéressants à connaître, et je demanderai la permission de placer sous vos yeux, monsieur le Ministre, la note dans laquelle il rend lui-même compte de ses observations (1). Si vous jugez opportun d'ordonner la publication des résultats obtenus par notre voyage en Sicile, il aurait une part considérable dans cette faveur; ses dessins seraient le plus bel ornement de notre livre, et je suis persuadé que tous les zoologistes apprécieraient, comme je le fais, le mérite de ses travaux.

Mon second compagnon de voyage, M. Blanchard, avait pour mission principale la formation de collections entomologiques, notre Muséum ne possédant que fort peu d'Insectes du midi de l'Italie. Il s'est acquitté de cette tâche avec succès, car il a recueilli en Sicile et en Calabre plus de 2,000 espèces, dont environ 500 manquaient dans nos galeries, et dont 300 paraissent être nouvelles pour la science. Cependant il a encore trouvé le temps de faire une série intéressante de recherches anatomiques sur le système nerveux des Mollusques; il a constaté que, dans la classe des Acéphales, de même que dans le groupe des Gastéropodes, la disposition générale de cet appareil important présente moins d'uniformité qu'on ne le pensait, et que, chez quelques uns de

(1) Voyez la note ci-jointe, p. 14.

ces animaux, le nombre des ganglions ou centres nerveux devient extrêmement considérable.

En terminant ce compte-rendu de nos recherches, je demande la permission, monsieur le Ministre, de renouveler l'expression de ma reconnaissance pour le service que vous m'avez rendu en me donnant les moyens d'entreprendre des travaux dont la science, j'ose espérer, tirera quelques profits.

Si je ne m'abuse, des explorations de ce genre, entreprises sur divers points du globe, seraient plus utiles que ne peuvent l'être maintenant les voyages des naturalistes collecteurs, et j'appelle de tous mes vœux le moment où de jeunes observateurs auraient pour mission d'étudier, au point de vue de la zoologie physiologique, la Faune des régions éloignées dont nous ne connaissons encore que la nature morte.

Note annexée au Rapport de M. Milne Edwards, *par* M. de Quatrefages.

« En me confiant la mission de poursuivre sur les côtes de la Méditerranée les études auxquelles je me livrais depuis quatre ans sur les bords de la Manche, l'Académie des Sciences avait plus particulièrement désigné deux questions comme devant faire le sujet de mes recherches. En conséquence, la séparation ou la réunion des sexes dans les mêmes individus, chez les Annélides, et l'anatomie des Mollusques phlébentérés, ont été de ma part l'objet d'une attention toute spéciale.

» Jusqu'à ces dernières années, le nombre des animaux inférieurs, regardés comme hermaphrodites, était très considérable ; mais ce nombre diminue journellement depuis que l'emploi du microscope a fourni un moyen certain de distinguer l'élément fécondateur de l'élément qui doit être fécondé. Parmi les animaux que les gens du monde confondent sous le nom général de *Vers*, se trouve un groupe nombreux, désigné par les naturalistes sous le nom d'*Annélides*. Certaines d'entre elles sont hermaphrodites : on en avait conclu que, chez toutes, les deux sexes se trouvaient réunis sur chaque individu. J'avais reconnu déjà que, chez toutes les espèces présentant sur les côtés du corps des mamelons armés de soies, les sexes étaient séparés. Les nouvelles observations que j'ai faites en Sicile ont confirmé la généralité de ce résultat. Chez toutes les Annélides *chétopodes* marines, les sexes sont séparés, même chez les espèces qui passent une vie solitaire dans des tubes calcaires ou cornés, circonstance qui exclut toute idée de rapprochement destiné à faciliter la fécondation. Ici, comme chez les Poissons, les œufs et le liquide fécondant ne sont mis en contact que par le mouvement des flots, auxquels les parents abandonnent ces produits destinés à perpétuer leur espèce.

» J'ai constaté également la séparation des sexes chez plusieurs animaux de l'embranchement des Rayonnés, chez certaines Actinies, Holothuries, Astéries ou Etoiles de mer...

» Au contraire, j'ai constaté qu'on admettait avec raison leur réunion chez les Planaires, animaux du groupe des Vers. J'ai trouvé réunis chez les mêmes individus des œufs bien formés et l'élément fécondateur.

» Malgré les admirables travaux de Cuvier sur l'embranchement des Mollusques, tout est loin d'être dit sur ces animaux J'avais déjà publié sur un groupe particulier de Gastéropodes plusieurs Mémoires destinés à faire connaître leur organisation singulière, sur laquelle M. Milne Edwards avait le premier appelé l'attention des zoologistes, en découvrant leur appareil gastro-vasculaire. Mes études sur ceux de ces animaux que j'avais pu observer sur le littoral de la Manche m'avaient conduit à proposer d'en former un ordre particulier, désigné sous le nom de *Gastéropodes phlébentérés*.

» L'Académie des Sciences m'avait engagé à soumettre ces résultats à une vérification nouvelle, et, favorisé par le hasard, j'ai pu remplir complétement ses intentions. Les Phlébentérés de la Méditerranée ressemblent par leur organisation à ceux de la Manche, et forment avec eux un groupe bien distinct des autres Mollusques. Le caractère le plus général de ce groupe consiste en ce que l'intestin, au lieu de former un simple tube, donne naissance à un appareil particulier très compliqué, désigné par M. Milne Edwards sous le nom d'*appareil gastro-vasculaire*. Ce nom même indique quelles sont ses fonctions ; en effet, il semble destiné à remplir à la fois le rôle d'organe digestif et celui d'organe circulatoire. D'autres circonstances anatomiques et physiologiques se rattachent à celle que je viens d'indiquer. La circulation et la respiration n'ont plus pour leur accomplissement d'appareil spécial, ou du moins cet appareil est incomplet; il en résulte que, chez ces Mollusques, la classe des Gastéropodes nous présente des exemples de dégradation organique analogues à ceux qu'on observe dans d'autres classes, et surtout dans celle des Crustacés. Ces faits et les conséquences qui en découlent ont été vivement contestés; mais il m'est permis d'espérer qu'un examen attentif les confirmera pleinement, au moins en ce qu'ils ont de réellement essentiel.

» C'est en partie pour apporter une preuve de plus à l'appui des résultats précédents que j'ai fait l'anatomie complète de deux espèces d'Articulés appartenant à des genres que les zoologistes ne savent trop où placer, que les uns regardent comme voisins des Arachnides, d'autres comme appartenant aux Crustacés. Déjà M. Milne Edwards avait signalé les prolongements que l'intestin envoie jusque vers l'extrémité des pattes chez les Nymphons : j'avais fait une observation semblable chez les Pygnogonons. Je me suis assuré par de nouvelles recherches que, chez les uns et les autres, cette disposition coïncide avec l'absence complète d'organes spéciaux de circulation et de respiration. La première de ces fonctions est réduite à des mouvements irréguliers de va-et-vient, dépendant des mouvements du corps; la seconde s'effectue entièrement par la peau.

» Outre les travaux dont je viens de parler, j'ai complété des recherches commencées et continuées depuis quatre ans sur l'organisation des *Némertes;* j'ai étudié avec détail plusieurs *Planaires marines* et les *Polyophthalmes;* enfin j'ai cherché à faire connaître la structure intime des tissus de l'*Amphioxus*. Ces études, que j'ai tâché de rendre aussi complètes que possible, m'ont fourni des résultats qui touchent à des questions de zoologie et de physiologie générale. Je vais indiquer quelques uns des principaux.

L'existence ou l'absence d'un système nerveux distinct chez les animaux inférieurs est une des questions dont les naturalistes se sont le plus occupés depuis le commencement de ce siècle : c'est sur cette absence présumée que Lamarck et Cuvier ont basé quelques unes des grandes divisions du règne animal. Parmi les êtres auxquels des naturalistes du plus grand mérite refusaient un système nerveux, se trouvent des Planaires, espèces de vers plats, généralement de petite taille, qui habitent les eaux douces ou salées, et les Némertes, vers d'une forme allongée, dont certaines espèces atteignent une longueur de 30 et 40 pieds. Ces dernières ont été de ma part l'objet de recherches assidues pendant mes divers voyages aux côtes de la Manche; et pendant mon séjour en Sicile j'ai complété tout ce qui me manquait à cet égard. Les Planaires ont été cette année l'un des sujets spéciaux de mes études. Chez les unes et les autres, j'ai trouvé un système nerveux distinct, et présentant des dispositions toutes particulières. Je l'ai décrit et figuré pour plus de quarante espèces.

»Une autre question, très vivement débattue entre les naturalistes modernes, est celle de l'existence ou de l'absence, chez les animaux inférieurs, d'organes spéciaux destinés à les mettre en rapport avec le monde ambiant. En France, comme en Allemagne, les opinions sont divisées sur ce sujet, certains naturalistes ne voulant accorder à ces êtres qu'une sorte de toucher ou de sensibilité générale; d'autres, au contraire, leur reconnaissant la faculté de distinguer diverses sortes de sensations, à l'aide d'organes sensoriaux proprement dits. Mes recherches sur les Annélides, les Planaires, les Némertes, m'ont fourni plusieurs faits qui viennent à l'appui de cette dernière opinion. Il est hors de doute pour moi que les points colorés, appelés par quelques naturalistes *points oculiformes*, sont de véritables yeux. J'ai vu bien souvent la communication de ces organes avec les centres nerveux; j'y ai reconnu une organisation qui ne permet guère d'hésiter à voir en eux de véritables organes des sens. J'ai rencontré en Sicile une Annélide dont les cristallins étaient tellement distincts, qu'ils produisaient l'effet d'une lentille de verre dont j'ai pu mesurer le foyer.

» Bien loin que les animaux inférieurs soient *tous* dépourvus d'organes sensoriaux, il en est, au contraire, chez qui ces organes sont extrêmement multipliés et placés sur des parties du corps où on ne les rencontre jamais chez les animaux supérieurs. Les Planaires, les Némertes, ont souvent les yeux disposés par groupes nombreux, en avant et sur les côtés de la tête : souvent elles en présentent sur la face inférieure aussi bien qu'à la face supérieure. M. Ehrenberg a fait connaître une petite Annélide qui porte des yeux à l'extrémité de la queue ; j'ai trouvé deux autres espèces voisines : ces mêmes Annélides m'ont montré des organes entièrement semblables à ceux qu'on regarde comme destinés à la perception des sons chez les Mollusques.

» Les Polyophthalmes, dont je ferai connaître avec détail l'organisation, sont remarquables sous le rapport de cette multiplication des organes des sens. Ce sont de petits vers cylindriques, dont le corps est partagé en anneaux ; la tête porte trois yeux, dont chacun présente de deux à trois cristallins ; de plus, chaque anneau du corps offre de chaque côté un point rouge, entièrement semblable aux yeux de certaines Annélides, et auquel aboutit un gros nerf partant du ganglion nerveux correspondant. Ainsi, indépendamment des trois yeux multiples qu'il porte à sa tête, cet animal a encore une rangée de ces organes de chaque côté, tout le long du corps.

» L'Amphioxus est un petit poisson qu'on peut regarder à juste titre comme le dernier des animaux vertébrés ; son organisation exceptionnelle a attiré l'attention des plus illustres naturalistes de l'Europe. Tout récemment, M. Costa, de Naples, et surtout M. Müller, de Berlin, ont publié sur son anatomie des détails très circonstanciés ; cependant personne encore ne s'était occupé de l'organisation intime de ses tissus, et j'ai cherché à combler cette lacune. Un des résultats généraux de ce travail a été pour moi que chez l'Amphioxus, qu'on peut regarder à certains égards comme une *ébauche de Vertébré*, les tissus participent à cette espèce d'imperfection. En effet, leurs derniers éléments présentent, chez l'Amphioxus adulte, des particularités qu'on ne rencontre chez les Poissons qu'à l'état embryonnaire, et qui disparaissent plus tard quand l'organisme acquiert tout son développement normal.

» Près de quatre-vingt-dix espèces d'animaux ont fait le sujet des études dont je viens d'indiquer quelques résultats ; toutes ont été peintes sur le vivant : les dessins représentant les détails de leur organisation sont au nombre de plus de six cents. »

OBSERVATIONS SUR LE DÉVELOPPEMENT DES ANNÉLIDES.

(Lues à l'Académie des Sciences, le 23 décembre 1844.)

En appelant l'attention des zoologistes sur les rapports intimes qui me paraissent exister entre le mode de développement des animaux et les affinités respectives de ces êtres, je ne me suis pas dissimulé la gravité de quelques unes des objections que l'on pouvait faire contre ma manière de voir; mais, convaincu de la vérité des principes sur lesquels je m'appuyais, j'ai cru pouvoir pour le moment négliger ces difficultés, et ne prendre en considération que l'ensemble des faits les mieux établis dans la science, me promettant toutefois de saisir la première occasion pour soumettre à un nouvel examen chacun des cas particuliers qui semblaient faire exception aux règles générales ainsi établies.

Une des discordances entre la théorie et l'observation me semblait dépendre de la forme transitoire qu'un zoologiste habile, M. Löven de Stockholm, avait signalé chez une jeune Annélide.

Effectivement, des considérations que j'ai développées ailleurs (1) m'avaient conduit à penser que les affinités zoologiques sont proportionnelles à la durée d'un certain parallélisme dans la marche des phénomènes génésiques chez les divers animaux; de sorte que les êtres en voie de formation cesseraient de se ressembler d'autant plus tôt qu'ils appartiennent à des groupes distincts d'un rang plus élevé dans le système de nos classifications naturelles, et que les caractères essentiels, dominateurs, de chacune de ces divisions, résideraient, non pas dans quelques particularités de formes organiques permanentes chez les adultes, mais dans l'existence plus ou moins prolongée d'une constitution primitive commune, du moins en apparence.

Si tel est réellement le principe qui règle les rapports des ani-

(1) Voyez *Considérations sur quelques principes relatifs à la classification naturelle des animaux* (*Annales des Sciences naturelles*, 3e série, t. I, p. 65. Février 1844).

maux entre eux, il faut que la ressemblance entre les espèces appartenant à un même embranchement soit toujours d'autant plus grande que l'embryon est plus jeune, et que du moment où les caractères d'un type primitif quelconque se sont prononcés, les métamorphoses organiques subies par le nouvel être ne puissent amener que des modifications secondaires sans rompre jamais les affinités précédemment établies ; il faut que l'animal en voie de formation ne puisse revêtir successivement des formes propres à deux embranchements différents ; que l'embryon d'un Vertébré, par exemple, ne soit jamais comparable à un Mollusque, ni les Mollusques affecter le mode d'organisation propre au type des Annelés.

Dans l'immense majorité des cas constatés jusqu'ici, on ne peut, ce me semble, méconnaître l'existence de ce rapport entre l'ordre chronologique des phénomènes de développement et l'ordre hiérarchique des divisions naturelles du règne animal. Mais, d'après quelques observations de M. Lôven, on pourrait croire que les Annélides font exception à cette règle ; car la jeune larve que ce zoologiste a décrite comme appartenant probablement à la famille des Néréidiens, paraîtrait n'acquérir les caractères propres à l'embranchement auquel elle appartient qu'après avoir eu la forme d'un Polype (1).

Une anomalie semblable aurait beaucoup diminué la valeur des conclusions auxquelles j'étais arrivé ; mais avant de l'admettre, j'ai cru devoir étudier de nouveau les principales phases du développement de l'organisation chez les Annélides, sujet qui a été jusqu'ici à peine abordé, et qui, indépendamment de toute considération accessoire, me paraissait digne d'intérêt. Je m'en suis donc occupé dès mon arrivé en Sicile, et j'ai eu la satisfaction de voir que, loin d'être en désaccord avec les idées que je viens de rappeler touchant la subordination des affinités naturelles des animaux à la durée du parallélisme dans la direction des phénomènes génésiques, l'embryologie des Annélides fournit de nouveaux arguments à l'appui de cette théorie.

Mes premières observations ont été faites sur des Térébelles,

(1) Voyez la figure 1, dans laquelle M. Lôven représente le premier état de sa larve (*Annales des Sciences naturelles*, 2ᵉ série, t. XVIII, pl. 9).

dont une grande espèce, qui ne me paraît pas différer de la *Terebella nebulosa* de Montagu (1), est assez commune sur la côte septentrionale de la Sicile, et se prête parfaitement bien à ce genre d'études, car ses œufs, d'un jaune ferrugineux, se développent au milieu d'une masse gélatineuse qui reste adhérente à l'entrée du tube habité par la mère (2). En examinant avec attention les rochers sous-marins où se cachent les Térébelles, j'ai pu, en raison de cette circonstance, me procurer un grand nombre de ces œufs sans avoir d'incertitude relativement à leur origine ; et en les plaçant dans un vase rempli d'eau de mer, il m'était facile de les conserver en vie et d'en suivre le développement. La ponte a lieu en mars et en avril ; mais elle se renouvelle probablement plusieurs fois dans l'année : car, en ouvrant l'abdomen de ces Annélides, j'y ai trouvé en même temps des œufs à tous les degrés de maturité. Les uns (3), extrêmement petits et parfaitement transparents, laissaient apercevoir une utricule centrale logée dans l'intérieur de la vésicule proligère, et entre celle-ci et la membrane vitelline un liquide limpide ; d'autres, d'un volume plus considérable, ne montraient plus l'utricule germinative, et la vésicule proligère y était entourée par une masse vitelline blanchâtre ; enfin, d'autres encore beaucoup plus grands que les précédents étaient devenus opaques et d'un jaune ferrugineux (4). Je n'ai trouvé aucune trace d'albumen autour de la capsule vitelline de ces œufs, et je suppose que c'est au moment de leur expulsion seulement qu'ils se revêtent de la matière glaireuse, à l'aide de laquelle ils sont alors réunis en une masse ovoïde. Cet albumen commun sert évidemment à les protéger et à nourrir pendant un certain temps les jeunes qui en proviennent ; mais il me semble probable qu'il remplit aussi un autre rôle non moins important en aidant à la fécondation, ainsi que MM. Prevost et Dumas l'ont constaté pour l'albumen des œufs de Grenouilles. Effectivement, depuis que les recherches de M. Quatrefages nous ont appris que chez les Térébelles, de même que chez la plupart des autres Annélides, les sexes sont séparés, on ne comprend pas la possibilité d'une fécondation intérieure ; et, d'après le genre de

(1) *Transact. of the Linnean Society*, vol. XII.
(2) Pl. 1, fig. 1. — (3) Fig. 2 et 3. — (4) Fig. 4.

vie de ces animaux, il serait difficile de croire à un rapprochement sexuel quelconque ; il est donc probable que c'est après leur sortie que les œufs des Térébelles reçoivent le contact du sperme répandu dans le liquide ambiant par les mâles, et on comprend que s'il en est ainsi, la présence d'une enveloppe avide d'eau, et susceptible de se gonfler par l'absorption de cette substance, peut ici, de même que dans les œufs des Batraciens, favoriser le dépôt des spermatozoïdes sur la surface de la vésicule vitelline, dépôt sans lequel tout développement ultérieur paraît devoir s'arrêter. La disposition que je viens de signaler n'appartient pas exclusivement aux Térébelles; je l'ai également constatée chez les Protules qui font partie d'une autre famille de Tubicoles (1), et je suis porté à croire qu'elle est commune à beaucoup d'Annélides; car j'ai trouvé sur divers points des côtes de la Sicile des masses d'œufs ayant tous les caractères généraux de celles dont je viens de parler, mais qui se distinguaient par des particularités de couleur ou de volume, et qui, par conséquent, devaient appartenir à d'autres animaux de la même classe. Mes conjectures à cet égard ont souvent été confirmées par les caractères des larves qui naissaient de ces œufs, et, d'après les circonstances dans lesquelles je les ai trouvés. il me paraît probable que plusieurs d'entre eux provenaient d'Annélides errantes. Effectivement, j'ai souvent rencontré de ces masses ovifères fixées sur des pans de rochers, sans que, dans leur voisinage, il m'ait été possible de découvrir la moindre trace de quelque Annélide sédentaire, et, d'autres fois, j'en ai trouvé qui adhéraient à des fucus, sur lesquels ces animaux n'établissent pas leur demeure. Quelquefois aussi la masse ovifère ainsi placée était tellement volumineuse, qu'elle ne pouvait avoir été pondue que par un Annélide de très grande taille, tandis qu'il n'existait dans le voisinage que des Tubicoles très petits; de sorte qu'elle me semble avoir dû y être déposée par quelque espèce errante : une grande Phyllodocé ou un Eunicien, par exemple.

Je n'ai pas été témoin des premiers mouvements génésiques dont l'œuf des Térébelles est le siége ; j'ai vu seulement que le dé-

(1) Fig. 12.

veloppement de l'embryon marche avec une grande rapidité, et que les éléments constitutifs du jeune animal ne tardent pas à se séparer en deux portions qui peuvent être comparées aux feuillets séreux et muqueux du germe des Vertébrés, sans offrir cependant la même disposition. L'une de ces portions du petit être en voie de formation renferme la majeure partie de la matière vitelline, reconnaissable à sa couleur ferrugineuse, et constitue, en se développant, l'appareil digestif; l'autre, qui ne paraît consister d'abord qu'en une couche mince de cellules irrégulières et incolores, entoure de toutes parts la première et augmente rapidement d'épaisseur; elle est destinée à donner naissance à l'ensemble des organes de la vie de relation; mais, dans l'intérieur de l'œuf, aucun de ceux-ci ne se dessine encore, et l'embryon ne paraît consister que dans un sac alimentaire entouré de tissu utriculaire, ou plutôt de sarcode, s'organisant en cellules. Il est probable cependant que déjà les premiers rudiments du système nerveux se sont constitués, car bientôt après j'ai pu distinguer les points oculiformes, qui en sont une dépendance; enfin la surface du corps de ces petits embryons prend un aspect tomenteux dû à la présence de cils vibratiles encore inactifs.

C'est dans cet état d'imperfection extrême que les jeunes Térébelles se dépouillent de la tunique vitelline de l'œuf, qui paraît être résorbée. En naissant, elles ne ressemblent en rien à l'adulte, et *à priori* il serait même impossible de deviner à quelle classe elles appartiennent; on voit seulement que ce sont des animaux Annelés de la grande division des Vers (1).

Effectivement l'embryon ramassé en boule dans l'intérieur de l'œuf s'allonge alors, prend une forme ovoïde, et commence à se mouvoir à l'aide d'une multitude de cils vibratiles (2). Dans ce moment, les jeunes Térébelles paraissent, au premier abord, avoir de l'analogie avec les larves de certains Zoophytes, celles des Polypes et des Méduses, par exemple; mais cette ressem-

(1) J'emploie ce nom pour désigner un groupe très considérable d'animaux annelés, reconnaissables à l'absence de membres articulés, et formant les classes des Annélides, des Turbellariés, des Rotateurs, et des Helminthes proprement dits.

(2) Pl. 1, fig 5, et Pl. 3, fig. 29.

blanche ne tient qu'à leur état de contraction, et bientôt on les voit s'allonger davantage, se rétrécir postérieurement et faire saillir à l'extrémité opposée de leur corps un lobe arrondi dépourvu de cils, et portant en dessus de chaque côté un point oculiforme de couleur rouge. Elles deviennent dès lors binaires et symétriques, par rapport à une ligne médiane droite; la face dorsale de leur corps se distingue de sa face ventrale, et on aperçoit dans leur intérieur un canal digestif longitudinal. Elles offrent, par conséquent, déjà une partie des caractères morphologiques propres à l'embranchement des Annelés, et elles sont comparables à certains Vers de la classe des Turbellariés.

Du reste, ce premier état est de courte durée, et les changements qui ne tardent pas à se manifester dans l'organisation de ces larves rendent encore plus évidents les caractères propres au type des Annelés.

Dans le principe, toute la surface de la portion post-ophthalmique du corps paraît être couverte de cils vibratiles; mais bientôt on voit apparaître à peu de distance de l'extrémité postérieure une bande transversale qui n'est ciliée que sur la ligne médiane ventrale, et alors le corps de la jeune Térébelle, devenu de plus en plus vermiforme, se compose de quatre zones ou tronçons, savoir, une tête semi-circulaire et aplatie qui porte les yeux (fig. 7, *a*); un segment post-céphalique, très grand et entièrement couvert de cils vibratiles servant comme organes de locomotion (*b*); un anneau nu qui, d'abord très étroit, ne tarde pas à se développer (*c*), et enfin à l'extrémité postérieure un segment portant une couronne de cils vibratiles, comme le premier anneau post-céphalique, mais beaucoup plus petit. Bientôt après (1), on voit apparaître entre l'anneau terminal et le pénultième segment un petit bourrelet qui, en s'élargissant, constitue un cinquième anneau (*d*). Le canal digestif devient beaucoup plus distinct; la collerette vibratile post-céphalique se rétrécit, et on aperçoit à la face inférieure de l'anneau qui la porte une dépression correspondante à la bouche; enfin le bord postérieur de l'anneau terminal s'échancre pour constituer l'anus. A cette époque du développement, on ne distingue pas en-

(1) Fig. 8.

core de muscles dans l'intérieur du corps de ces petites larves; mais elles sont extrêmement contractiles, et changent quelquefois de forme au point d'être presque méconnaissables. Tantôt on les voit se ramasser en boule, puis s'épater de façon à ressembler à un disque dont les bords seraient ciliés (1); d'autres fois, au contraire, elles rétrécissent leur extrémité postérieure, qui s'accroche au mucus ambiant, rentrent le lobe céphalique sous le bord de l'anneau suivant, et étalent celui-ci au point de devenir presque cyathiforme et d'offrir quelque ressemblance avec certains Polypes (2); mais ces poses anormales ne sont que de peu de durée, et si j'en fais mention, c'est seulement parce qu'il me paraît probable que les formes signalées par M. Lôven pourraient bien dépendre en partie de quelque phénomène de ce genre.

Nos petites Térébelles, après avoir subi ces premières modifications, grandissent assez rapidement. Leur corps, s'effilant de plus en plus, devient bientôt tout-à-fait vermiforme et acquiert peu à peu de nouveaux anneaux; ceux-ci apparaissent un à un de la même manière que le pénultième anneau, dont il vient d'être question, c'est-à-dire que le développement du segment nouveau a toujours lieu immédiatement en arrière du dernier anneau formé et au-devant de l'anneau anal (3); de sorte qu'abstraction faite de celui-ci, la position des divers segments est en rapport avec leurs âges respectifs. Bientôt aussi la larve cesse d'être un Vers apode; des soies simples et subulées, portées sur des tubercules charnus, se montrent de chaque côté du corps, et le développement de ces appendices locomoteurs s'effectue suivant le même ordre que celui des anneaux, savoir, d'avant en arrière. Enfin il est aussi à noter qu'à cette époque la collerette ciliaire post-céphalique commence à se rétrécir et que les organes intérieurs se dessinent de plus en plus nettement.

Ce serait long et peu utile de suivre ici, heure par heure, les progrès du développement de ces petites Annélides; mais afin de mieux fixer les idées sur les métamorphoses qu'elles subiront encore,

(1) Fig. 5 et 6. — (2) Fig. 9.

(3) Dans toutes les figures relatives au développement des Térébelles, cet anneau anal est indiqué par le signe ×.

je crois devoir m'arrêter un instant sur leur conformation, lorsqu'elles sont prêtes à quitter la masse gélatineuse dans laquelle elle ont vécu pendant les premiers temps de leur existence. Quelquefois ces larves restent pendant longtemps encore dans l'intérieur de cet albumen commun; mais dès le troisième ou quatrième jour, elles peuvent sans inconvénient en sortir et vivre dans le monde extérieur.

A cette époque, elles ont la forme de petits Vers subcylindriques, longs d'environ une ligne et légèrement élargis en avant (fig. 10). Leur tête s'est un peu allongée, mais n'offre rien de remarquable. La portion post-céphalique du corps, qui, dans le principe, n'offrait aucune trace de division et était entièrement couverte de cils vibratiles, paraît représenter trois anneaux, dont le premier seulement est encore cilié, et dont les deux postérieurs sont dépourvus d'appendices. Les quatre ou cinq anneaux suivants portent chacun une paire de mamelons charnus armée d'une longue soie mobile, légèrement recourbée vers le bout. En arrière de ces segments sétifères, on aperçoit un anneau (*h*) garni de deux tubercules semblables aux pieds dont il vient d'être question, mais dépourvus de soies, puis un autre anneau plus petit (*i*), qui n'offre encore aucun vestige d'appendices; enfin le corps est terminé par le segment anal, qui est toujours garni de cils et n'a subi que peu de changements. L'appareil digestif s'est également compliqué; antérieurement on y remarque un bulbe charnu (*p*), puis une sorte d'œsophage court et cylindrique, suivi d'un estomac très grand et de forme ovoïde (*r*), dont les parois paraissent être encore imprégnées de la substance colorée du vitellus; enfin vers le tiers postérieur du corps commence l'intestin (*s*), qui a la forme d'un tube membraneux recourbé un peu sur lui-même et allant se terminer à l'anus. On commence aussi à apercevoir les masses glandulaires situées à la partie antérieure du corps, et les muscles sous-cutanés se dessinent plus nettement; on distingue également les muscles moteurs des soies, et c'est probablement à cause de l'opacité du canal digestif qu'on ne voit pas le système nerveux situé au-dessous; mais il est à noter que, même dans les parties les plus transparentes du corps, on n'aperçoit aucune trace de sang rouge ni de vaisseaux pour la circulation.

Lorsque la larve a gagné encore une ou deux paires de pieds, la tête commence à se modifier (1) ; un étranglement transversal s'établit à quelque distance au-devant des yeux, et le lobe antérieur ainsi délimité présente, près de son bord libre, une série de capsules urticantes, dont plusieurs laissent échapper un petit filament spiniforme. La collerette ciliaire post-céphalique s'est en même temps beaucoup rétrécie, et forme au-dessous de la tête un bourrelet saillant qui se porte en avant et constitue une grosse lèvre supérieure ; une lèvre inférieure arrondie, occupant le bord du second segment post-céphalique, ferme la bouche en arrière, et on remarque que les pieds des deux premières paires sont armés de deux soies, tandis qu'auparavant elles n'en avaient qu'une seule.

Dans l'espace de deux ou trois jours, le lobe céphalique antérieur (*t*) devient parfaitement distinct du segment oculifère, s'allonge, prend une forme cylindrique et constitue un appendice médian très mobile qui présente tous les caractères d'une antenne (2). Son axe est occupé par un canal qui communique avec la grande cavité du corps, et on y voit circuler un liquide tenant en suspension des globules dont les formes et les dimensions varient ; ce liquide remplit aussi la cavité abdominale et me paraît tenir lieu de sang dont je n'ai pu apercevoir, à cette époque, aucune trace. Enfin les cils natateurs ont presque entièrement disparu, soit autour du cou, soit à l'extrémité postérieure du corps ; mais on aperçoit un mouvement vibratoire assez énergique dans l'intérieur de la cavité buccale et dans la portion terminale de l'intestin.

Les jeunes Térébelles offrent alors, comme on le voit, tous les caractères propres à l'ordre des Annélides Errantes, et ne ressemblent encore en rien au type ordinique des Tubicoles. Elles possèdent, en effet, une tête bien distincte, une antenne, des yeux et des pieds armés de soies subulées, comme en ont les Annélides Errantes, tandis que les Tubicoles, comme on le sait, sont des Vers acéphales, dépourvus d'antennes et d'yeux, et ayant des pieds garnis de crochets. Ce mode d'organisation correspond, d'ailleurs,

(1) Fig. 11, 12, 13, 14. — (2) Fig. 15, 16, 17, 18.

au genre de vie que ces petites larves ont mené jusqu'alors; car, au lieu de demeurer sédentaires dans l'intérieur d'une gaîne étroite, comme le font les Térébelles adultes et les autres Tubicoles, elles nagent librement au milieu du mucus, dont les œufs étaient entourés, puis elles en sortent pour aller au loin chercher quelque point favorable à l'établissement de leur habitation. Nos jeunes Térébelles ont alors, par conséquent, les mœurs aussi bien que l'organisation des Annélides Errantes; mais elles ne peuvent être comparées qu'aux formes les plus imparfaites de ce type, et leur développement ultérieur, au lieu de tendre au perfectionnement des parties caractéristiques des Annélides supérieures, suit, sous ce rapport, une marche rétrograde.

Lorsque nos larves ont perdu les cils locomoteurs dont les anneaux buccaux étaient primitivement entourés, elles cessent de nager et ne tardent pas à s'envelopper d'une matière muqueuse, qui, en se solidifiant, constitue un tube cylindrique ouvert à ses deux extrémités (1). La première période de leur existence, celle pendant laquelle ces petits animaux mènent une vie errante, se termine alors; et quant à leurs mœurs, ils deviennent semblables à leurs parents; mais ils n'en ont pas encore le mode d'organisation, et on peut considérer, comme constituant une seconde période, le temps compris depuis la disparition de la collerette vibratile jusqu'à l'apparition des branchies.

Avant que d'avoir complétement perdu leurs cils natateurs, nos jeunes Térébelles s'étaient en quelque sorte préparées à leur nouveau genre de vie. Effectivement, dans le principe, chaque anneau de leur corps ne portait qu'une paire de tubercules armés de soies subulées, et représentant la rame dorsale des pieds de l'animal parfait; mais à cette époque, les rames ventrales garnies de crochets commencent à se constituer (2), et ces crochets, comme on le sait, sont destinés à effectuer les mouvements d'ascension ou de retraite que les Annélides tubicoles doivent exécuter dans l'intérieur de leur étroite demeure. La formation de ces organes a lieu suivant le même ordre que celle des autres

(1) Fig. 19, 20. — (2) Fig. 18.

rames, c'est-à-dire d'avant en arrière. On ne les aperçoit d'abord que sur un ou deux des premiers anneaux pédigères, mais peu à peu ils se montrent aussi sur les autres segments, et bientôt leur développement devient plus rapide que celui des rames dorsales, de façon que, sur les nouveaux anneaux qui se constituent à l'arrière du corps, ils précèdent celles-ci. Il est aussi à noter que le perfectionnement des rames à crochets marche de la même manière ; chacune d'elles n'est d'abord garnie que d'un seul crochet, et c'est également d'avant en arrière que le nombre de ces appendices augmente successivement.

Une huitaine de jours après que mes jeunes Térébelles s'étaient construit un tube, l'appendice antenniforme de leur front s'était allongé au point de dépasser la moitié du reste du corps ; mais sa croissance en largeur n'avait pas été proportionnelle à celle des autres parties, de façon que sa base, au lieu de correspondre à tout le bord antérieur de la tête, n'occupait que le tiers médian du front. La lèvre supérieure s'était beaucoup développée, et les yeux paraissaient tendre à s'atrophier ; enfin, le nombre des pieds s'élevait à dix paires, et on apercevait un nouvel anneau en voie de formation entre le dernier segment pédigère et le segment anal.

Après un certain temps dont la durée paraît varier suivant la température, l'abondance des aliments et les autres conditions dans lesquelles se trouvent les larves, on voit poindre un second appendice frontal qui se développe à côté du précédent (1) ; celui-ci est alors filiforme et très long, tandis que le nouveau cirrhe ne consiste encore qu'en un petit tubercule cylindrique, dont la surface se garnit de vésicules urticantes, et dont la substance se creuse bientôt d'un canal médian en communication avec la cavité abdominale. A cette époque, les yeux sont devenus beaucoup moins distincts qu'ils ne l'étaient chez les larves errantes, et on remarque autour de ces organes presque atrophiés quelques taches pigmentaires qui semblent être de nouveaux points oculiformes. Enfin on compte treize paires de pieds séti-

(1) Fig. 21.

gères, et les divers organes intérieurs sont beaucoup plus distincts qu'ils ne l'étaient jusqu'alors ; cependant on n'aperçoit encore aucun indice de l'existence de vaisseaux sanguins, et la circulation ne paraît consister que dans des mouvements irréguliers du liquide à globules blancs dont la cavité abdominale est remplie, liquide qui pénètre aussi dans le canal central des cirrhes frontaux, et paraît y être mû par des cils vibratiles.

Pendant que le corps s'allonge par suite de la formation d'un ou de deux nouveaux anneaux au-devant du segment anal, on voit un troisième, puis un quatrième appendice se développer sur le bord antérieur de la tête, à côté des deux cirrhes dont je viens de parler (1). Bientôt après, on compte six, puis huit de ces organes tentaculaires, dont la contractilité est très grande (2). Les derniers formés se placent latéralement en dehors de leurs prédécesseurs, et comme leur longueur est à peu près proportionnelle à la durée de leur croissance, ils constituent une série décroissante du milieu vers les côtés. Lorsque la jeune Térébelle est parvenue à ce degré de développement, il est facile de se convaincre que les appendices frontaux, dont le nombre ne tardera pas à augmenter encore, ne sont autre chose que les cirrhes filiformes, qui, chez l'adulte, constituent au-devant de la bouche une couronne touffue servant quelquefois à la locomotion, aussi bien qu'à la préhension des aliments. A cette époque on remarque aussi que les points oculiformes de l'anneau frontal se sont multipliés extrêmement, mais on cesse de distinguer les yeux qui y existaient primitivement ; on compte alors de vingt à vingt-quatre de ces petites taches pigmentaires, et il ne paraît y avoir rien de bien fixe dans leur mode de groupement. Le nombre des pieds s'élève à vingt ou vingt-deux paires, et l'appareil glandulaire situé à la face ventrale de la portion thoracique du corps a pris un grand développement ; cependant je n'ai pu apercevoir encore aucune trace des organes spéciaux de respiration et de circulation.

Ceux-ci commencent à se montrer lorsque les jeunes Térébelles ont acquis trente-huit ou quarante paires de pieds. On voit

(1) Fig. 22, 23. — (2) Fig. 24.

alors sur l'anneau apode qui suit immédiatement le segment frontal deux tubercules situés sur les côtés de l'anneau dorsal, et dirigés obliquement en haut et en dehors (1). Ces appendices s'allongent rapidement et deviennent cylindriques; leur surface se couvre de stries transversales dues à la contractilité de leur tissu, et leur centre se creuse d'un canal. Bientôt après, une seconde paire de tubercules semblables aux précédents se développe sur le segment suivant, et ces quatre appendices, qui ressemblent d'abord à des cirrhes tentaculaires, ne sont autre chose que les branchies; ils sont alors d'une simplicité extrême, mais ils ne tardent pas à se compliquer dans leur structure. A mesure que l'appendice respirateur s'allonge, il se divise en rameaux qui se bifurquent à leur tour, et on voit des tubercules s'élever sur divers points de sa surface pour donner naissance à d'autres branches, de façon que bientôt chacun de ces organes, au lieu d'être, comme dans le principe, un simple prolongement filiforme, constitue un petit arbuscule contractile (2), faisant fonction d'un cœur accessoire aussi bien que d'une branchie (3); mais leur croissance est proportionnelle à leur âge, et ceux de la première paire restent toujours plus volumineux que ceux de la paire suivante.

A l'époque de la première apparition des branchies, j'ai commencé à distinguer aussi dans l'intérieur du corps les organes spéciaux de circulation. Le gros vaisseau médio-dorsal, qui, chez ces Annélides, remplit les fonctions d'un cœur, se dessine alors assez nettement, et on voit partir de son extrémité antérieure trois branches, dont une se dirige vers le bord frontal, et les deux latérales se bifurquent pour se distribuer aux branchies. Mais je suis porté à croire que les anses nombreuses qui, chez l'adulte, entourent le canal intestinal, n'existent pas encore; du moins, je n'ai pu les apercevoir, bien que la transparence des tissus tégumentaires soit très grande.

Ces phénomènes organogéniques caractérisent la fin de la se-

(1) Fig. 25, *a*. — (2) Fig. 26.

(3) Voyez à ce sujet mes précédentes observations sur la circulation chez les Annélides (*Annales des Sciences naturelles*, 2e série, t. X).

conde période de la vie de nos jeunes Térébelles. Ces petits animaux, qui n'ont encore que cinq ou six lignes de long, cessent alors d'être des larves, car ils sont déjà pourvus de toutes les sortes d'organes que la nature doit leur départir, et on distingue même dans l'intérieur de leur abdomen quelques ovules détachés de leurs ovaires. Néanmoins leur développement est loin d'être achevé ; ils doivent devenir vingt ou trente fois plus grands qu'ils ne le sont encore, et le nombre de leurs parties doit augmenter considérablement ; mais ces parties nouvelles ne seront que la répétition des parties déjà existantes, et l'économie ne s'enrichira d'aucun instrument nouveau. A cette époque, le nombre des tentacules céphaliques ne dépasse pas douze ou treize, tandis que par la suite on en comptera plus de cinquante (1). Une troisième paire de branchies doit encore se développer en arrière des précédentes ; les pieds sont aussi beaucoup moins nombreux qu'ils ne le seront chez l'adulte, et ces organes n'ont pas acquis toute leur perfection, car leur rame ventrale ne porte qu'une seule rangée de crochets au lieu de deux, et ces petits appendices cornés sont peu nombreux. Il est aussi à noter que le développement des nouveaux crochets se fait dans le même ordre que celui des pieds, c'est-à-dire d'avant en arrière ; ainsi, lorsqu'à la partie antérieure du corps chaque rame porte une rangée de six ou sept de ces appendices, on n'en trouve que quatre vers le douzième segment pédigère ; un peu plus en arrière, il n'y en a que trois, puis deux ; plus postérieurement encore, un seul ; et les derniers anneaux ne portent que des tubercules pédiformes dépourvus de soies. Enfin, les nouveaux anneaux, à l'aide desquels le corps s'allonge encore, se développent aussi dans le même ordre que ceux dont j'ai déjà signalé l'apparition, et la formation de ces zoonites ne me paraît pas avoir de limites bien précises, ni sous le rapport de leur nombre, ni quant à l'âge auquel leur production s'arrête : aussi, chez ces Térébelles, de même que chez la plupart des autres Annélides, le nombre total des anneaux dont se compose le corps de l'animal adulte varie beaucoup chez les divers individus de la

(1) Pl. 4, fig. 27

même espèce, et la croissance paraît se continuer pendant presque toute la durée de la vie.

On voit donc que les Térébelles subissent dans le jeune âge des métamorphoses considérables (1). La larve de ces Annélides diffère de l'adulte autant que la Chenille diffère du Papillon ; mais dès qu'elle se constitue, elle offre un certain nombre de traits propres au type de l'embranchement auquel elle appartient ; bientôt aussi elle devient reconnaissable, comme étant un animal de la classe des Annélides ; puis on la voit s'éloigner du type des Annélides ordinaires, à mesure qu'elle acquiert les caractères distinctifs du groupe des Tubicoles ; enfin, elle se complète par le développement des particularités propres au genre Térébelle ; mais, pendant tout le jeune âge, il m'a été impossible d'y reconnaître aucun des traits sur lesquels reposent les distinctions spécifiques établies parmi ces Annélides.

Les phénomènes génésiques que m'ont offerts les Térébelles s'accordent donc parfaitement avec les vues que j'ai rappelées au commencement de ce Mémoire, et il en est de même de l'embryologie des Protules que j'ai eu l'occasion d'étudier à Milazzo.

Ces Annélides, sur lesquels M. Risso (2) a le premier fixé l'attention des zoologistes, appartiennent, comme on le sait, au même ordre que les Térébelles ; ce sont aussi des Tubicoles, mais elles s'éloignent beaucoup des précédentes par leur mode d'organisation, et ne diffèrent guère des Serpules que par l'absence de

(1) Je suis porté à croire que, faute d'avoir connu ces métamorphoses, on a pu prendre des larves de Térébelles pour des types particuliers, et qu'on a de la sorte multiplié inutilement les genres. Ainsi il me paraît bien probable que la petite Annélide dont M. Templeton a formé le genre *Anisomelus* est une de ces larves, parvenue à peu près au même degré de développement que celle figurée dans la pl. 3, fig. 26. (Voyez Templeton, *Description of some invertebrated animals obtained at the isle of France; Trans. of the Zool. Soc.*, vol. II, p. 27, pl. 5, fig. 9-14). Le genre *Terebellide* de M. Sars (*Beskrivelser og iagttagelser*, etc., p. 48, pl. 12, fig. 31) pourrait bien devoir être réformé pour la même raison. Enfin il est possible aussi que ce soit une jeune Térébelle dont j'ai eu l'occasion de parler d'après M. de Quatrefages, sous le nom d'Aphlébine. (Voyez *Annales des Sciences naturelles*, 3ᵉ série, t. I, p. 18.)

(2) Voyez *Histoire naturelle de l'Europe méridionale*, t. V, p. 405.

l'espèce d'opercule qui, chez celles-ci, résulte de l'élargissement de l'un des appendices céphaliques, et sert à clore l'entrée du tube calcaire dans lequel ces Vers, de même que les Protules, se tiennent toujours. L'espèce que j'ai trouvée à Milazzo me paraît être nouvelle ; elle se fait remarquer par ses panaches blancs ornés de points rouges (1), et elle mérite à tous égards le nom de *Protule élégante*, sous lequel je proposerai de la désigner.

Les œufs de ces Serpuliens sont pondus au mois de juin, et, de même que ceux des Térébelles, sont renfermés dans une masse pyriforme de matière albumineuse, dont l'extrémité inférieure adhère au bord du tube calcaire habité par la mère (2) ; leur couleur est rouge-cinnabre, et ils paraissent avoir deux tuniques.

Le développement de ces œufs est très rapide, et s'achève dans l'espace de vingt-quatre heures. Avant la ponte, le vitellus ne se compose que de granules entremêlés de globules assez gros, qui semblent être des gouttelettes de quelque matière huileuse plutôt que des utricules (3); mais presque aussitôt après l'expulsion des œufs, la masse vitelline devient le siége d'un travail analogue à celui que MM. Prevost et Dumas ont été les premiers à signaler dans l'œuf des Batraciens. En effet, les éléments du vitellus se groupent alors de diverses manières, et ils ne tardent pas à constituer ainsi quatre masses secondaires, dont trois, de forme à peu près sphérique et d'égale grosseur, paraissent renfermer dans leur centre un gros globule huileux, et dont la quatrième, beaucoup plus grande que les précédentes, semble les porter, et sépare l'un de l'autre deux de ces corps entre lesquels le troisième se trouve également interposé (4). Dans le principe, on ne distingue rien entre ces masses colorées et la membrane vitelline; mais bientôt une substance blanchâtre et granuleuse commence à s'y développer de toutes parts, et y forme une couche dont l'épaisseur augmente rapidement. Le vitellus est en même temps refoulé vers le centre de l'œuf, et diminue considérablement de volume. Vers la douzième heure du développement embryonnaire, la couche granuleuse, que j'appellerai tégumentaire à cause des

(1) Pl. 6, fig. 56. — (2) Pl. 5, fig. 42. — (3) Fig. 45. — (4) Fig. 46.

parties qu'elle doit constituer dans l'économie, présente la même disposition qu'on remarquait auparavant dans les masses vitellines, tandis que celles-ci se sont confondues en une seule boule qui occupe environ la moitié du diamètre de l'œuf (1); mais cette apparence est de courte durée, et la couche tégumentaire, dont l'épaisseur augmente rapidement, ne tarde pas à constituer à son tour une masse sphérique, dont la surface acquiert un aspect framboisé très variable, qui paraît dépendre du développement des utricules dont sa substance se compose (2).

Les globules huileux ou les utricules du vitellus se modifient aussi à diverses reprises; ils paraissent se fractionner, puis grossir de nouveau, et à un certain moment, on distingue quatre sphères assez semblables aux masses dont il a déjà été question, mais logées au milieu d'une quantité considérable de granulations plus petites. Plus tard, on voit quatre ou même cinq de ces sphères réfractant fortement la lumière, et la masse vitelline tout entière paraît être revêtue d'une enveloppe membraneuse. Enfin on commence à distinguer dans la couche tégumentaire une zone opaque, que sépare du reste de l'embryon un segment céphalique (3), près de la base duquel j'ai cru apercevoir deux petites taches jaunâtres correspondant aux points oculiformes de la larve. Alors la tunique vitelline ne tarde pas à disparaître, et le jeune animal, devenu libre au milieu de la masse albumineuse qui lui sert de nid, commence à se mouvoir. Son corps (4) est encore presque sphérique, comme l'était l'œuf dont il vient de naître, et sa structure paraît être d'une simplicité extrême; mais il offre déjà le caractère essentiel du type des Annélides, et il ressemble beaucoup aux larves nouvellement nées de nos Térébelles. Effectivement, son corps est symétrique par rapport à une ligne médiane droite, et tend à se diviser en segments placés bout à bout; le segment antérieur est très grand, et porte, de chaque côté, un point oculiforme; il est délimité en arrière par une zone garnie de cils vibratiles, et celle-ci est à son tour suivie par un troisième segment, qui est plus grand que les deux précédents réunis, et qui est en-

(1) Pl. 5, fig. 47. — (2) Fig. 48. — (3) Fig. 49. — (4) Fig. 50.

tièrement nu; enfin, tout-à-fait en arrière, on remarque une ligne obscure qui sépare de ce grand anneau médian un petit segment terminal, et dans l'intérieur du corps on aperçoit une cavité digestive ovalaire, dont le grand axe correspond à la ligne médiane. Bientôt ces petites larves s'allongent et se rétrécissent postérieurement; les divisions annulaires de leur corps se dessinent plus nettement; les cils dont se compose la collerette post-céphalique grandissent beaucoup, et on aperçoit à l'extrémité anale un bouquet d'appendices de même nature (1). Elles ressemblent alors si exactement aux jeunes larves de Térébelles, qu'on ne pourrait, *à priori*, les supposer appartenir à des familles différentes, ni même à deux genres nettement séparés; car les seules particularités qui les distinguent consistent dans la forme de la collerette ciliaire, qui est ici, dès le principe, aussi étroite qu'elle le devient chez les petites Térébelles âgées de deux ou trois jours, et dans la position des cils de l'anneau anal, qui sont peu nombreux et refoulés un peu en dessous, au lieu de constituer une large couronne.

Ces petites larves restent encore deux jours environ dans l'intérieur de la masse albumineuse qui logeait les œufs, et pendant ce temps, leur corps devient de plus en plus vermiforme; leur tête se rétrécit à sa base; les cils vibratiles diminuent de longueur, et deux nouveaux anneaux se développent à l'arrière du corps, au-devant du segment anal (2). Bientôt après, elles deviennent libres et acquièrent la faculté de marcher aussi bien que de nager. Effectivement, on leur voit alors de chaque côté du corps une rangée de trois ou de quatre petits tubercules pédiformes armés chacun d'une longue soie protractile, et légèrement recourbée vers le bout (3). Mais leur pouvoir locomoteur ne tarde pas à diminuer; après vingt-quatre heures de cette vie errante, elles commencent à perdre leurs organes natateurs, qui semblent se flétrir ainsi que l'anneau qui les porte; puis on les voit rester immobiles sur la surface de quelque corps étranger, et le lendemain on les y retrouve logés dans un petit tube solide ouvert à ses deux bouts, et trop court pour les cacher en entier.

(1) Fig. 52. — (2) Fig. 50, 53. — (3) Fig. 54.

Ainsi les Protules, de même que les Térébelles, ont, pendant la première période de leur vie de larve, les caractères et les mœurs des Annélides Errantes, qui constituent, comme on le sait, le principal groupe dans cette classe d'animaux. Mais lorsqu'elles se sont construit une gaîne, elles paraissent acquérir promptement des pieds à crochets, organes qui constituent un des traits les plus saillants des Tubicoles, et leur tête diminue de volume au point que les yeux, au lieu d'être placés très en arrière, comme chez les jeunes larves, se trouvent alors près du bord frontal (1); enfin les appendices qui garnissent l'extrémité antérieure du corps des Tubicoles commencent aussi à se former, mais ne se développent pas comme ceux des Térébelles, car, au lieu d'être d'abord comparables à des antennes, ils se montrent, dans le principe, sous la forme de deux petits lobes situés sur les côtés du cou. Le surlendemain, j'ai cru voir quelques digitations sur le bord de ces lobes, et par conséquent je dois supposer que ce sont les premiers vestiges des deux panaches branchiaux propres à la famille des Serpuliens; mais le tube opaque dans lequel mes larves se cachaient dépassait alors de beaucoup la longueur de leur corps, et elles ne sortaient la tête que pour la retirer aussitôt, de façon qu'il devenait très difficile de les observer, et il m'a été impossible de porter plus loin l'étude du développement de ces petites Annélides, car toutes celles que j'élevais dans mes vases sont mortes peu de temps après qu'elles s'étaient fixées, et leurs dimensions étaient encore trop petites pour que j'aie pu en apercevoir sur la surface des rochers submergés, où elles établissent d'ordinaire leur demeure. Mais les faits que j'avais déjà constatés suffisaient pour montrer que le développement des Protules suit une marche analogue à celle que j'avais précédemment observée chez les Térébelles, et pour faire voir qu'ici encore le jeune animal n'acquiert que successivement les traits organiques qui le caractérisent, comme appartenant d'abord à l'embranchement auquel il se rapporte, puis à sa classe, à son ordre, et enfin à la famille particulière dont il est membre.

(1) Fig. 55.

J'ai eu aussi le regret de ne pouvoir suivre les métamorphoses de quelques autres larves que j'avais vues naître d'œufs d'Annélides dont le genre ne m'était pas connu ; mais, quoique j'ignore même la famille à laquelle ces petits êtres appartiennent, je ne crois pas devoir les passer ici sous silence, car ils montrent que le mode d'organisation commun aux jeunes Térébelles et aux larves de Protules se retrouve chez d'autres animaux de la même classe. En effet, ces larves (1) offraient tous les caractères généraux de celles que je viens de décrire, et ne s'en distinguaient que par quelques particularités peu importantes, telles que la couleur du vitellus, la longueur des cils natatoires, l'existence de quelques pinceaux de cils sur le bord antérieur de la tête ; elles devaient par conséquent se rapporter à d'autres genres d'Annélides, et leur ressemblance avec les larves des Tubicoles, dont il vient d'être question, fournit un nouvel argument en faveur des principes dont j'ai cherché à faire l'application à la classification naturelle des animaux.

Une larve (2) que j'ai trouvée en haute mer, entre Stromboli et le détroit de Messine, à plus de dix lieues des côtes, mérite surtout de fixer l'attention ; car, bien que le plan général de son organisation soit le même que chez toutes les précédentes, elle s'en éloigne par quelques caractères d'après lesquels je suis porté à croire qu'elle doit appartenir à une Annélide errante, et probablement même à l'Amphinome de la Méditerranée. Effectivement, chez un individu long d'environ deux lignes, le corps était pourvu de trente et une paires de pattes garnies seulement de soies subulées, et il me paraît difficile de supposer que, chez un Tubicole, le développement arriverait à ce degré sans que les crochets eussent commencé à se montrer. La bouche était aussi parfaitement distincte et avait la forme d'une grande fente longitudinale, caractère qui existe chez plusieurs Amphinomiens, mais qui ne se voit ni chez les Tubicoles, ni chez les Néréidiens, où cet orifice est transversal. Mais, d'un autre côté, cette larve conservait encore la collerette de cils vibratiles qui, chez les jeunes Tubicoles, entoure la base de la tête et remplit les fonctions d'un appareil de

(1) Fig. 29, 30, 31, 32, 33 ; fig. 34, 35, 36, 38, 39 et fig. 40.

(2) Pl. 3, fig. 41.

natation; il existait aussi une couronne de même nature sur le dernier anneau du corps, et en avant on remarquait une tête portant en dessus deux points oculiformes de couleur orangée et garnie latéralement d'une expansion membraneuse semi-circulaire, qui, probablement, devait donner naissance à quelques appendices, ou constituer, en se relevant, la crète céphalique des Amphinomes. Le canal digestif était grand et cylindrique, mais n'offrait dans son intérieur aucune trace de mâchoires cornées. Enfin l'anneau anal portait en arrière de sa couronne ciliaire deux gros tubercules, entre lesquels se trouvait l'anus. Si, comme je le soupçonne, cette larve était une jeune Amphinome, on voit que, pour achever son développement, il devait non seulement perdre ses organes natateurs et gagner de nouveaux anneaux, mais acquérir aussi tout le système appendiculaire, qui, chez ces Annélides, offre un haut degré de complication, et consiste en branchies touffues, aussi bien qu'en tubercules filiformes insérés sur chaque pied: or, c'est précisément l'apparition d'organes de cet ordre qui, chez les Annélides, dont nous venons d'étudier le développement, termine la série des phénomènes génésiques. Il est aussi à noter que, par la comparaison de la larve que je viens de décrire avec une autre de même espèce, mais plus jeune, j'ai pu facilement me convaincre qu'ici encore c'est entre le pénultième segment et le segment anal que se forment successivement chacun des anneaux nouveaux.

Je n'ai pas eu l'occasion d'observer, pendant la première période de leur existence, des larves que je pouvais rapporter avec certitude à quelque Néréidien; mais j'ai souvent trouvé de jeunes Néréides qui n'étaient encore parvenues qu'à la seconde période de leur développement, et, d'après les changements qui sont survenus dans leur organisation, j'ai pu me convaincre que la marche générale de ces phénomènes est la même que chez les Térébelles.

En effet, ces Annélides, qui étaient encore trop petites pour être faciles à apercevoir à l'œil nu et que je trouvais sur des amas d'œufs de Mollusques aux dépens de l'albumen desquels elles paraissent se nourrir, ne m'ont offert d'abord qu'un très petit nombre d'anneaux, et c'est toujours entre les deux derniers segments que l'anneau en voie de formation s'est montré, de façon que chaque segment nouveau se plaçait en arrière de celui qui l'avait précédé et refoulait de plus en plus en arrière l'anneau anal. Les pieds se développaient aussi dans le même ordre, et ces organes n'acquéraient leurs appendices tentaculaires et branchiaux qu'après s'être complétés comme instruments de locomotion.

Mes plus jeunes Néréides (1) n'avaient pas une ligne de long, et n'offraient encore que quatre anneaux pédigères précédés par un segment céphalique représentant l'anneau labial postérieur, aussi bien que la tête proprement dite, et suivis par un petit anneau anal. Une seule paire d'antennes, courtes et grêles, se voyait sur le bord antérieur de la tête; plus en arrière, on remarquait des points oculiformes, et de chaque côté de la nuque naissait un petit cirrhe tentaculaire. Les pieds des trois premières paires étaient déjà très gros et étaient armés chacun de deux faisceaux de soies articulées en baïonnettes, comme chez l'adulte (2), et de deux acicules; mais ces organes n'offraient encore aucune trace de lobes branchiaux ni de cirrhes. Les pieds de la quatrième paire étaient très petits et n'étaient garnis que de deux soies disposées parallèlement. L'anneau anal portait une paire de cirrhes filiformes dirigés en arrière. Enfin l'appareil digestif, quoique très court et encore rempli de globules vitellins, présentait déjà un orifice buccal bien distinct, un bulbe pharyngien ou trompe armée de deux mâchoires cornées (3), un estomac ovalaire et un intestin infundibuliforme allant se terminer à l'anus.

En avançant en âge, ces larves (4) ne tardaient pas à acquérir un nouvel anneau qui se développait à l'endroit ordinaire, et qui ne présentait d'abord, à la place des pieds, que deux tubercules dépourvus de soies. On distinguait en même temps un petit mamelon charnu qui commençait à se montrer sur chacun des pieds précédemment formés; des vestiges de nouveaux cirrhes tentaculaires se développaient sur les côtés de la tête; les antennes prirent la forme caractéristique de celles de la paire extérieure chez l'a-

(1) Pl. 6, fig. 57.— (2) Pl. 7, fig. 64.—(3) Pl. 6, fig. 60.—(4) Fig. 58.

dulte; les yeux semblèrent se dédoubler ; les mâchoires, en grandissant, acquirent des dentelures marginales; l'estomac se raccourcit, et l'intestin s'allongea.

Quelque temps après, ces petites Néréides (1) présentaient sept paires de pieds, dont la dernière formée était, comme de coutume, insérée sur le pénultième anneau du corps, et n'offrait encore aucune trace de soies. Les autres pieds étaient déjà pourvus de leurs deux cirrhes; mais la division entre la rame dorsale et la rame ventrale n'était que peu marquée, et on n'apercevait pas les mamelons qui, plus tard, en garnissent l'extrémité, et qui sont généralement désignés sous le nom de tubercules branchiaux. La tête s'était en même temps complétée par le développement des antennules et de deux nouvelles paires de cirrhes; le cerveau se laissait entrevoir en arrière des yeux; enfin les mâchoires avaient pris la forme qu'on leur voit chez l'adulte; mais l'intestin était encore un tube cylindrique, et je n'ai pu apercevoir aucune trace de sang rouge ni de vaisseaux pour la circulation.

Lorsque ces jeunes Annélides eurent acquis une vingtaine de paires de pieds (2), leur corps, quoique proportionnellement moins long que chez l'adulte, avait déjà la forme générale qu'il devait conserver; les cirrhes tentaculaires étaient au nombre de quatre paires, et les pieds étaient profondément divisés en deux rames (3); on distinguait aussi des vaisseaux à sang rouge dans l'intérieur de l'économie, et l'intestin présentait, dans presque toute sa longueur, la série de renflements qu'on y remarque chez la plupart des Néréidiens adultes. Mais les trois anneaux qui précédaient immédiatement le segment anal n'étaient pas aussi complets que les autres; le premier de ces segments portait une paire de pieds à une seule soie, et les deux autres étaient complétement dépourvus d'appendices cornés. Enfin, les mamelons branchiaux ne se distinguaient pas encore.

J'ai trouvé aussi des Syllis extrêmement jeunes, dont les pieds ne portaient pas de cirrhes, et dont les antennes étaient rudimentaires, mais qui étaient déjà bien reconnaissables par la struc-

(1) Pl. 6, fig. 61. — (2) Pl. 7, fig. 62. — (3) Fig. 63.

ture de leurs soies et le mode de conformation de leur tube digestif. Or, chez ces Annélides, le corps s'allongeait également par le développement de nouveaux segments entre le pénultième anneau et l'anneau anal. Chez d'autres individus, plus âgés, qui avaient dix paires de pieds bien formés, les cirrhes, quoique encore fort courts, étaient très distincts et offraient la disposition monilaire qui se remarque chez l'adulte. L'antépénultième anneau portait une paire de tubercules pédiformes, sans avoir encore de soies, et le pénultième segment était apode, tandis que le segment terminal offrait tous les caractères d'un anneau anal complet.

Ainsi tous les faits que j'ai pu observer concordent parfaitement entre eux et tendent à faire penser que les mêmes lois règlent le développement de toutes les Annélides chétopodes.

D'après l'ensemble de ces faits, on voit que le corps de ces animaux se constitue peu à peu par la formation successive d'anneaux nouveaux, c'est-à-dire par la création des parties homologues à celles déjà existantes, par le développement de segments construits, d'après le même plan fondamental, qui viennent se placer à la suite les uns des autres.

On voit aussi que ce sont toujours les deux parties extrêmes de l'économie, celles dont dépendent la bouche et l'anus, qui se constituent d'abord, et que c'est dans l'espace qui les sépare que se forment ensuite les anneaux plus ou moins nombreux du tronc. Mais ce n'est pas un mouvement génésique centripète proprement dit qui se manifeste alors ; ce ne sont pas deux séries de zoonites, qui, en grandissant, se dirigent l'une vers l'autre, mais une série unique qui s'allonge progressivement d'avant en arrière par l'addition d'éléments nouveaux, de façon à refouler toujours de plus en plus loin de la tête le segment anal, et qui est disposée de telle sorte, que l'âge relatif de chacun de ces anneaux est en rapport avec le rang qu'il occupe dans l'économie. Le zoonite nouveau vient s'interposer entre le dernier segment qui s'est constitué et le segment anal ; et on peut se demander quel est celui de ces deux anneaux qui en a déterminé la formation. Au premier abord, cette question semble difficile à résoudre ; mais elle peut, je crois, être tranchée à l'aide d'une observation qui servira aussi à montrer la généralité de la tendance génésique dont je viens de parler.

L'année dernière, en étudiant les Annélides des côtes de la Manche, M. de Quatrefages a été témoin d'un phénomène qui avait déjà été aperçu par Oth. Fred. Muller, mais qui n'avait pas été apprécié à sa juste valeur par les zoologistes; je veux parler de la division spontanée ou multiplication par bouture, chez les Syllis. M. de Quatrefages a vu qu'à une certaine époque de la vie, un individu nouveau, destiné uniquement à la reproduction sexuelle, se développe à la partie postérieure du corps de ces animaux, et s'en sépare après y être resté adhérent pendant quelque temps (1). Une Annélide qui habite les côtes de la Sicile, et qui se rapproche un peu des Myrianes de M. Savigny (2), mais qui me paraît devoir constituer le type d'un genre nouveau (3), m'a présenté un phénomène analogue, mais plus curieux encore; car l'individu souche, au lieu de produire par bouture un seul petit, en forme jusqu'à six, qui sont réunis en chapelet à l'extrémité postérieure de son corps (4), et qui, de même que chez les Syllis, renferment les organes de la génération, parties dont l'individu souche est lui-même privé.

Or, ces petits se constituent précisément dans le point où nous avons vu naître les nouveaux anneaux chez les larves, c'est-à-dire entre le segment caudal ou anal et le dernier segment du tronc ; mais tous ne se forment pas en même temps, et d'après le degré de développement auquel ils étaient parvenus dans l'exemplaire que j'ai eu l'occasion d'observer, on voyait bien évidemment qu'ils étaient d'autant plus jeunes qu'ils étaient placés plus près de l'individu producteur. Le petit qui s'était formé le premier devait, dans le principe, se trouver entre le segment terminal du tronc

(1) Voyez *Ann. des Sc. nat.*, 3e série, t. I, p. 22. (Janvier 1844.)

(2) *Système des Annélides*, p. 40

(3) Cette Annélide, dont je propose de former le genre *Myrianide*, se distingue des Phyllodocés et des Myrianes par la forme de la tête, par l'absence de cirrhe ventral à tous les pieds, et par plusieurs autres caractères. (Voyez l'explication des planches.)

(4) Pl. 7, fig. 65.

de l'Annélide adulte et son anneau caudal, qui, refoulé en arrière par le bourgeon reproducteur, aura, dès lors, cessé d'appartenir au premier, et sera devenu un des zoonites constitutifs de l'être en voie de formation; le second petit, situé au-devant du premier, a dû se développer entre celui-ci et le même anneau terminal du tronc de l'adulte; il ne pouvait être en rapport avec l'anneau caudal primitif, et il ne peut être considéré que comme étant produit sous l'influence du dernier anneau du tronc de l'individu souche. Il en aura été de même pour le troisième petit, puis pour le quatrième, et ainsi de suite.

La production par bourgeon d'un nouvel individu ressemble donc, jusqu'à un certain point, à la formation des nouveaux zoonites dans l'économie de la larve: seulement, dans ce dernier cas, l'anneau producteur perd sa puissance créatrice, dès qu'il a donné naissance à un nouveau segment auquel il se lie de la manière la plus intime, et c'est celui-ci qui, à son tour, devient producteur; tandis que, dans la multiplication des individus par bouture, le produit devenant, jusqu'à un certain point, étranger à l'économie de l'individu souche, l'anneau producteur continue à fonctionner et donne naissance à une série de petits, dont les plus jeunes refoulent en arrière leurs aînés. Ainsi chez les Annélides, de même que chez les plantes où l'on voit les jeunes tissus donner naissance aux tissus nouveaux, c'est l'anneau le plus jeune qui semble posséder seul la propriété de déterminer la formation d'un autre anneau. En effet, on ne voit jamais, chez ces animaux, un zoonite nouveau apparaître entre deux anneaux d'une même série; c'est toujours à l'extrémité de la série qu'il se montre. Mais cette propriété, en vertu de laquelle un zoonite est apte à produire un anneau semblable à lui-même, ne se perd pas complétement par son exercice; elle devient latente seulement lorsque le zoonite est en rapport avec son produit, et elle se réveille de nouveau, si ce premier vient à être séparé du segment auquel il avait donné naissance, car, ainsi que je me propose de le montrer dans une autre occasion, la reproduction des anneaux perdus par suite de mutilations n'est autre chose qu'un phénomène de ce genre. Du reste, il me paraît probable que cette faculté créatrice peut, dans certaines circonstances, être exercée par tout anneau terminal d'une série, et déterminer ainsi l'allongement de cette série par son extrémité antérieure, aussi bien que par le bout opposé; les expériences de Bonnet, de Dugès et de quelques autres naturalistes tendent à me le faire supposer, et il est à présumer que, chez certaines Annélides, telles que les Glycères, le nombre des segments céphaliques peut s'accroître de cette manière; mais il est facile de s'assurer que, d'ordinaire, il n'en est pas ainsi, et que, dans l'immense majorité des cas, c'est seulement à l'extrémité postérieure de la série formée par les anneaux du tronc que la multiplication des zoonites s'effectue chez les Annélides.

Il est aussi à noter que, dans les reproductions par bourgeons dont il vient d'être question, les jeunes individus se sont développés de la même manière que lorsqu'ils provenaient d'un embryon. En effet, le nombre de leurs anneaux a augmenté peu à peu; c'est la tête et l'anneau caudal qui se sont constitués d'abord, et c'est entre le dernier segment de la série céphalique ou de ses dérivés et le segment anal, que s'est formé successivement chaque zoonite nouveau. Ainsi, le plus jeune de ces singuliers animaux réunis en chapelet à l'arrière du corps de l'individu souche, se composait de dix anneaux seulement, tandis que le second en avait quatorze, le troisième seize, le quatrième dix-huit, le cinquième vingt-trois, et le sixième, qui était l'aîné de tous, et qui terminait postérieurement cette série, en présentait trente. Il était en même temps facile de se convaincre que, chez chacun de ces petits êtres, la série des anneaux du tronc s'était formée d'avant en arrière; ces anneaux étaient d'autant plus avancés dans leur développement qu'ils étaient situés plus près de la tête, qui pourtant offrait à peu près le même volume; enfin l'anneau caudal était partout plus complet que les segments postérieurs du tronc, de sorte que, suivant toute probabilité, c'était entre ce segment terminal et le dernier segment du tronc que se constituait chacun des zoonites nouveaux dont l'organisme s'enrichissait.

La tendance génésique que je viens de signaler chez les Annélides n'existe pas seulement dans cette classe d'animaux; les faits que la science possède déjà suffisent pour montrer qu'elle est plus générale, et lorsque les observateurs fixeront davantage leur attention sur l'ordre de développement des zoonites dont le corps des animaux articulés se compose, on en distinguera probablement des traces plus ou moins marquées dans la constitution embryonnaire de tous les êtres conformés d'après le même plan fondamental, c'est-à-dire dans tous les membres du grand embranchement des animaux Annelés.

En effet, les recherches de Degeer, de M. Savi, de M. Newport et de M. Gervais, nous ont appris que, dans la classe des Myriapodes, de même que chez nos Annélides, le corps du jeune animal se complète par la formation successive d'un certain nombre d'anneaux qui viennent se placer à la file les uns des autres vers la partie postérieure du corps, entre le dernier segment du tronc et le segment anal, de façon à refouler celui-ci de plus en plus loin de la tête. Jurine, Rathke, Thompson et plusieurs autres carcinologistes, ont été, ainsi que moi, témoins de phénomènes analogues dans le développement de divers Crustacés, tels que l'Écrevisse, l'Aselle d'eau douce et les Cyclopes. Une tendance de même nature se reconnaît dans les modifications qu'éprouve l'organisation de quelques jeunes Arachnides, chez lesquels Leuwenhœck, Degeer et Dugès ont vu une quatrième paire de pattes se former après la naissance, et à la suite des trois paires de membres déjà existantes. Enfin, des indices de ce mode de développement annulaire me semblent exister aussi dans les jeunes embryons de quelques insectes, tels que le *Simulia canescens* étudié par M. Kölliker; mais nos connaissances relativement aux premières périodes de la vie embryonnaire des animaux de cette classe sont encore trop incomplètes pour que l'on puisse se former à cet égard une opinion arrêtée.

Du reste, lorsqu'on cherche à appliquer à l'ensemble du groupe des animaux annelés les lois qui semblent régler le mode de multiplication des zoonites chez les Annélides, il ne faut pas se borner à prendre en considération le développement du petit provenant de l'œuf pondu par ces Vers ; il est également nécessaire de tenir compte des phénomènes de leur reproduction par bourgeonnement.

Nous avons vu que, dans le développement ovipare de nos Annélides, le corps du jeune animal se divise primitivement en deux portions, dont l'une seulement possède la faculté de produire des zoonites, et que tous les anneaux nouveaux se constituent à la suite l'un de l'autre, de façon que la série ainsi formée ne s'allonge que par son extrémité, et que les relations de position restent invariables entre ces divers éléments de l'économie. Le corps de l'animal adulte, abstraction faite de l'anneau caudal, ne se compose donc que d'une seule série, ou groupe génésique de zoonites, appartenant à la région céphalique ; mais lorsque le développement devient plus actif, comme dans le cas de la multiplication par bourgeonnement, dont les Syllis et nos Myrianides offrent des exemples, on voit un même anneau donner directement naissance à deux ou à plusieurs zoonites, qui, en se reproduisant à leur tour de la manière ordinaire, constituent une ou plusieurs séries intercalaires ; l'ensemble des produits segmentaires représente alors une suite de *groupes de zoonites*, dont chacun s'allonge par sa partie postérieure, comme le faisait la série unique dans le cas précédent ; et bien que la tendance générale des phénomènes génésiques soit restée la même, il en résulte que les mêmes lois ne régissent plus les connexions des parties entre elles. Or, ce phénomène, qui, dans la classe des Annélides, ne se manifeste que lors de la production de nouveaux individus par voie de bourgeonnement, et n'intervient jamais dans la constitution primitive de l'individu lui-même, se voit ailleurs pendant le développement de l'embryon, et modifie à certaine époque de la vie les relations des zoonites entre eux.

Chez les Crustacés, par exemple, il paraît y avoir trois de ces systèmes ou séries génésiques de zoonites (1), dont l'allongement peut se continuer après la formation du premier anneau de la série suivante, et il est à noter que ces groupes correspondent précisément aux trois grandes divisions du corps de ces animaux : la tête, le thorax et l'abdomen. Ainsi, on voit souvent la série

(1) L'anneau caudal représente une quatrième série, mais ne donne pas naissance à d'autres zoonites, de façon que l'anus occupe toujours le dernier segment du corps.

des anneaux thoraciques se compléter postérieurement à l'existence de la série abdominale, et quelquefois aussi de nouveaux anneaux se constituer entre la portion céphalique du corps et le premier segment thoracique. C'est aussi dans ces points de partage que les anomalies par avortement ou par arrêt de développement se rencontrent d'ordinaire, tant dans le système appendiculaire que dans la portion fondamentale ou centrale de l'économie, et c'est peut-être faute d'avoir connu cette tendance génésique que M. Savigny et les autres zoologistes qui ont cherché à établir la concordance entre les appendices des Insectes, des Arachnides et des Crustacés, ne sont pas toujours arrivés à des résultats satisfaisants. Dans une autre occasion, je me propose de traiter plus au long cette question, qui ne pourrait être discutée ici sans nous éloigner du sujet dont nous nous occupons en ce moment (1) ; mais il m'a semblé nécessaire de signaler le principe dont paraissent dépendre ces différences dans le mode de développement des zoonites chez divers animaux annelés, ne fût-ce que pour nous aider dans l'appréciation de ce qu'il peut y avoir de général dans les tendances génésiques dont les Annélides nous ont offert des exemples.

Si, maintenant, nous comparons la manière dont l'économie se constitue chez ces Vers chétopodes et chez les animaux conformés d'après d'autres types fondamentaux, les Vertébrés et les Mollusques, par exemple, nous y reconnaîtrons, dès le principe, des différences considérables, et nous verrons que ces différences sont en rapport avec les caractères dominateurs dans chacune de ces grandes divisions zoologiques.

Ainsi, chez les Annélides, de même que chez les Crustacés, les

(1) La disposition dont je viens de parler à l'occasion du développement des Annelés n'est pas particulière à ces êtres ; elle est plus générale, et, chez tous les animaux, les unités organiques dont se compose un appareil tendent à se constituer en groupes secondaires, dont les parties périphériques se développent après les parties centrales, et offrent moins de fixité dans leurs formes et même dans leur existence. On comprendra facilement combien il est nécessaire de tenir compte de cette considération, lorsqu'on veut se servir du *principe des connexions* pour arriver à la détermination de parties dont la forme change.

Myriapodes, etc., c'est la région orale ou céphalique qui est le point de départ du travail zoogénique, et l'économie se complète peu à peu par la formation successive de nouveaux tronçons qui sont analogues à ceux déjà développés et à ceux qui y font suite. Chez les Mollusques, au contraire, c'est la région abdominale qui se constitue d'abord ; la portion céphalique du corps ne se forme que beaucoup plus tard, et souvent même elle avorte plus ou moins complétement. Enfin, chez les Vertébrés, comme on le sait, la ligne primitive, qui correspond au système céphalo-rachidien, se dessine dans toute sa longueur longtemps avant les autres parties de l'économie, et ce n'est pas d'avant en arrière, à la suite de ce système, mais autour de l'espèce d'axe ainsi constitué, que les autres parties de l'économie viennent se grouper. Or, le caractère le plus saillant de l'embranchement des Vertébrés est fourni par ce même appareil céphalo-rachidien ; les Mollusques se font surtout remarquer par la disposition des viscères que l'abdomen renferme, et la segmentation du corps, chez les Annelés, suffit pour faire reconnaître, au premier coup d'œil, la plupart des êtres dont se compose cette grande division zoologique.

D'autres différences également importantes à signaler dépendent de l'ordre de primogéniture de quelques uns des grands systèmes physiologiques de l'économie ; circonstance dont les anatomistes ont trop négligé la considération, et dont il est indispensable de tenir compte lorsqu'on veut comparer les formes embryonnaires des animaux supérieurs à l'état permanent des êtres dont le rang zoologique est moins élevé. Chez les Vertébrés, où l'appareil circulatoire doit acquérir une perfection très grande, et doit remplir un des rôles les plus importants, le cœur et les vaisseaux sanguins se forment, dès l'une des premières périodes de la vie embryonnaire, longtemps avant que le tube alimentaire se soit constitué, ou que le petit être en voie de formation ait acquis aucun des caractères propres aux animaux de sa classe. Chez les Annélides, qui, pour la plupart, sont aussi des animaux à sang rouge, le tube digestif se constitue, et fonctionne à une époque où il m'était impossible d'apercevoir la moindre trace de l'appareil de la circulation ; je n'ai pu constater l'existence de vaisseaux sanguins, que lorsque le jeune animal avait depuis longtemps la forme générale qu'il devait conserver, et lorsqu'il était apte à l'exercice de toutes les facultés de relation dont son espèce est douée. Il paraîtrait que chez les Crustacés le cœur ne se forme aussi qu'à une période assez avancée du développement embryonnaire ; et suivant toute probabilité, il en est encore de même pour les Insectes, chez lesquels cet organe reste toujours sous la forme d'un vaisseau très simple, et ne semble jouer qu'un rôle fort minime dans l'économie générale de l'individu.

Je me suis assuré par des observations multipliées que, sous le rapport de l'apparition tardive du cœur, les Mollusques se rapprochent des animaux annelés ; et chez les Zoophytes, comme on le sait, cet organe n'existe à aucune période de la vie, et se trouve tout au plus suppléé par des instruments d'une imperfection extrême. Ainsi, sous ce point de vue, de même que sous beaucoup d'autres rapports, l'embryon des animaux sans vertèbres diffère essentiellement de celui des animaux vertébrés, et ce dernier ne représente jamais un type quelconque appartenant soit à l'embranchement des Mollusques, soit à la grande division des animaux Annelés, ou à celle des Radiaires.

Ainsi tout tend à prouver que la distinction établie par la nature entre les animaux appartenant à des embranchements différents est une distinction primordiale, et les faits dont je viens d'entretenir l'Académie, loin d'être favorables à l'existence d'une seule série zoologique, fournissent de nouveaux arguments à l'appui des vues auxquelles j'ai fait allusion dans les premières lignes de cet écrit.

EXPLICATION DES FIGURES.

Fig. 1 à 27. Embryologie de la Térébelle nébuleuse. Toutes ces figures, excepté la première, représentent les objets grossis au microscope.

Fig. 1. (Pl. 1.) — Les œufs logés dans une masse albumineuse (*b*) qui adhère au bord de l'orifice du tube (*a*) habité par la mère. (Grandeur naturelle.)

Fig. 2. Œuf très jeune pris dans l'intérieur du corps d'une Térébelle, et montrant la membrane vitelline, la vésicule de Purkinje, et la tache proligère.

Fig. 3. Œuf dont le développement est plus avancé, mais dont le vitellus est encore transparent et incolore

Fig. 4. Œuf prêt à être pondu : le vitellus est d'une couleur de rouille

Fig. 5. Larve au moment où elle commence à se mouvoir dans l'intérieur de la masse albumineuse commune.

Fig. 6. Larve un peu plus avancée et vue par son extrémité antérieure, pour montrer la ceinture ciliaire.

Fig. 7. Larve d'un jour. — *a*, segment céphalique ; *b*, segment cilié ; *c*, troisième anneau ; ✕ anneau anal.

Fig. 8. Larve encore apode, mais dont le développement est plus avancé. Un nouveau segment (*d*) s'est formé entre l'anneau *c* et l'anneau anal.

Fig. 9. La même, représentée dans une de ses poses anormales

Fig. 10. La même larve, lorsqu'elle a acquis cinq nouveaux anneaux et quatre paires de pieds sétifères. Dans cette figure, ainsi que dans les suivantes, les mêmes lettres sont employées pour indiquer les mêmes anneaux.

Fig. 11. La même larve plus âgée. Un nouvel anneau (*j*) s'est formé entre l'anneau anal (✕) et l'anneau (*i*) qui, dans la figure précédente, se touchent. On remarque aussi que l'anneau *h* porte maintenant une paire de pieds garnis de soies ; la collerette ciliaire céphalique est devenue très étroite, et on distingue très bien les diverses parties de l'appareil digestif. — *p*, bulbe pharyngien ; *q*, œsophage ; *r*, estomac ; *s*, intestin.

Fig. 12. Tête de la même, grossie davantage, pour montrer les organes urticants qui se sont développés sur le bord du lobe frontal.

Fig. 13. Larve un peu plus âgée, représentée de profil. — *a*, la tête ; *b*, portion de la collerette ciliée qui s'avance pour constituer la lèvre supérieure ; *b'* lèvre inférieure ; *b''* bouche.

Fig. 14. Portion antérieure de la même larve, lorsque le lobe frontal (*t*) commence à s'allonger et à se rétrécir.

Fig. 15. (Pl. 2.) — Larve parvenue à la fin de la première période. — *t*, appendice antenniforme ; *b*, restes de la collerette ciliée ; *b'*, bouche dans l'intérieur de laquelle on remarque un mouvement ciliaire très rapide.

Fig. 16. Appendice antenniforme de la même, grossie davantage, pour montrer le canal central et les organes urticants.

Fig. 17. Un de ces organes urticants, grossi davantage

Fig. 18. Larve au commencement de la deuxième période ; les diverses parties sont indiquées par les mêmes lettres que dans les figures 10, 11, 13, etc.

Fig. 19. Portion antérieure de la même, sortant de son tube. L'appendice antenniforme (*t*) s'est beaucoup allongé, et la lèvre supérieure est devenue mince et semi-circulaire.

Fig. 20. La même plus âgée, et représentée dans son tube (*c'*).

Fig. 21. La même, lorsque le premier appendice frontal (t^1) est devenu filiforme et qu'un second appendice (t^2) commence à se développer

Fig. 22. La même larve plus âgée. On distingue des vestiges d'un quatrième et même d'un cinquième appendice frontal ; les yeux ont disparu, et on remarque sur l'anneau céphalique plusieurs petits points oculiformes.

Fig. 23. (Pl. 3.) — Une larve dont les cirrhes frontaux sont contractés, et dont les pieds montrent des crochets aussi bien que des soies subulées.

Fig. 24. Larve à la fin de la seconde période.

Fig. 25. Portion antérieure d'une de ces larves, représentée à l'époque où les branchies commencent à se former. — *a*, branchie de la première paire, *b*, branchie de la seconde paire ; *c*, tube.

Fig. 26. La même, lorsque les branchies des deux premières paires sont devenues rameuses et contractiles.

Fig. 27. (Pl. 4.) — La même Térébelle à l'état parfait. (Grandeur naturelle.)

Fig. 27 *bis*. Portion antérieure de la même, représentée de profil, pour montrer les trois paires de branchies de l'animal adulte.

Fig. 28 (Pl. 3.) — Masse d'œufs appartenant probablement à une petite espèce de Térébelle.

Fig. 29 à 32. Larves provenant de ces œufs, et représentées dans différentes poses.

Fig. 33. L'une de ces larves, un peu plus développée.

Fig. 34. Larve d'une autre espèce de Térébelle.

Fig. 35. La même, un peu plus âgée.

Fig. 36. La même, encore plus âgée.

Fig. 37. Masse d'œufs d'une Annélide de famille indéterminée.

Fig. 38 et 39. Larves provenant de ces œufs.

Fig. 40. Larve d'Annélide d'origine inconnue, mais remarquable par l'existence de trois bouquets de cils vibratiles sur le lobe frontal.

Fig. 41. Larve d'une Annélide pélagique (probablement une Amphinome) : longueur, 2 lignes — *a*, tête ; *b*, collerette ciliaire ; *c*, pieds sétifères ; ✕ anneau anal.

Fig. 42 à 56. — (Pl. 5.) — Embryologie de la Protule élégante.

Fig. 42. Fragment de pierre sur laquelle se trouvent des tubes de Protules, dont deux portent à leur orifice des masses d'œufs ; trois de ces animaux sortent de leur gaîne, et montrent leur couronne branchiale.

Fig 23. Œuf non fécondé.

Fig. 44. Œuf prêt à être pondu. (Grossissement, 450.)

Fig. 45. Œuf dont le développement commence.

Fig. 46 à 49. Développement de l'embryon dans l'intérieur de l'œuf.

Fig. 50 Larve au moment de sa naissance — *a*, segment céphalique ; *b*, segment cilié ; ✕ segment anal.

Fig. 51, 52, 53. La même larve, observée à des époques successives ; le nombre des anneaux augmente, mais on n'aperçoit encore aucun vestige de pieds.

Fig. 54. L'une de ces larves de Protule à la fin de la première période : elle a maintenant quatre paires de pieds garnis de soies subulées (*c*, *d*, *e*, *f*) et un anneau apode (*g*) suivis de l'anneau anal (✕).

Fig. 55. La même, lorsqu'elle commence à construire sa gaîne (*c'*) et que les premiers vestiges des lobes branchiaux se montrent (*a'*, *a'*).

Fig. 56. (Pl. 6.) — L'animal à l'état adulte.

Fig. 57 à 62. Développement des Néréides.

Fig. 57. Larve de Néréide, ayant environ 1 ligne de long, et ne portant encore que quatre paires de pieds sans cirrhes ni branchies.

Fig. 58. La même, un peu plus âgée.

Fig. 59. L'un des pieds de la même, isolé et vu de champ.

Fig. 60. L'une des mâchoires de la même.

Fig. 61. Larve de la même espèce, dont le développement est plus avancé ; les pieds se sont garnis de leurs appendices filiformes, et le nombre des anneaux a beaucoup augmenté.

Fig. 62. (Pl. 7) — Le même animal, plus avancé en âge.

Fig. 63. Pied du même.

Fig. 64. L'une des soies, grossie davantage.

Fig. 65. Myrianide a bandes (*Myrianida fasciata*, Nob.), grossi au double. On remarque à la partie postérieure de cette Annélide une série de six petits, qui se sont développés successivement par bourgeonnement.

Fig. 66. Tête et portion antérieure de la même, grossie davantage.

Fig. 67. L'un des pieds.

Fig. 68. Soie de ces pieds.

Le genre nouveau que je propose de désigner sous le nom de Myrianide est assez voisin des Phyllodocées, et peut être caractérisé de la manière suivante : Tête courte et élargie, portant quatre yeux et trois appendices antenniformes, foliacés, fixés sur la nuque ; point de mâchoires ; deux paires de cirrhes tentaculaires ; pieds à deux rames coniques, la rame dorsale portant à son extrémité un grand cirrhe foliacé ; la ventrale garnie d'un faisceau de soies, et dépourvue de cirrhe ; point de branchies proprement dites.

L'espèce figurée ici est remarquable par les bandes transversales d'un jaune de soufre, qui, sur le dos, relèvent le blanc mat de tout le reste du corps. Cette jolie petite Annélide a été trouvée sur la côte rocheuse de l'île de Favignana.

Additions au Mémoire précédent.

Depuis la lecture de ce Mémoire à l'Académie des Sciences, le 23 et le 30 décembre 1844, et la publication des principaux résultats qui s'y trouvent consignés (1), M. Sars a fait paraître dans les Archives de M. Erichson (cahier de janvier 1845) une note sur le développement et les métamorphoses de la *Polynoe cirrata* (2), et les observations de ce naturaliste habile cadrent si bien avec les faits dont il vient d'être question, que je crois devoir les citer à l'appui des conclusions déduites de mes propres recherches. En effet, quoique la Polynoé soit une Annélide Errante, et qu'elle s'éloigne des Térébelles autant qu'aucun autre Ver du groupe des Chétopodes, elle naît sous la forme d'une larve qu'on peut à peine distinguer de l'une de nos plus jeunes Térébelles ou d'une larve de Protule. Malheureusement, M. Sars n'a pu suivre le développement ultérieur de ces Annélides ; mais le fait de la ressemblance si complète entre des larves appartenant à des types secondaires si différents est en lui seul un résultat plein d'intérêt.

Les œufs de la Polynoé se trouvent en paquets sur le dos de la mère, et sont de couleur brunâtre. La larve, de forme ovoïde et de couleur verdâtre, porte en avant de la ceinture ciliée un lobe céphalique terminé par un petit bouquet de cils, et renfermant deux points oculiformes noirâtres. La bouche est transversale, et se trouve en arrière de la collerette ciliaire. Enfin l'extrémité anale ne paraît pas avoir de couronne ciliaire, comme chez les Térébelles. M. Sars a observé sur les fucus de petites masses d'œufs verdâtres qui devaient appartenir à quelque autre Annélide, et qui ont donné naissance à des larves très analogues aux précédentes.

J'ajouterai encore que je viens de trouver sur la côte de Boulogne des paquets d'œufs d'Annélide dont la couleur est également verte, et dont les larves, longues d'environ 1/5 de millimètre, étaient ovoïdes et divisées en trois segments par une large ceinture ciliée; le segment antérieur ou lobe céphalique était garni d'une bordure de petits filaments urticants assez semblables à ceux qui se développent sur le lobe antennaire des jeunes larves de Térébelle, et l'extrémité postérieure était garnie d'une très petite touffe de cils vibratiles. Ces larves devaient appartenir à

(1) Voyez les *Comptes-rendus de l'Académie*, séance du 30 decembre 1844

(2) *Zur Entwickelung der Anneliden*, von M. Sars (*Archiv für Naturgeschichte*, B. I, p. 11. Berlin, 1845).

une espèce distincte de toutes les précédentes, et dans une autre occasion j'espère pouvoir en suivre les métamorphoses.

Dans le cahier des Archives de M. Erichson, où a été publié le travail de M. Sars, on trouve aussi une note de M. Mag. Œrsted (1), sur le développement d'un autre genre d'Annélide Errante qui paraît être voisin des Œnones, et qui a été désigné par ce zoologiste sous le nom d'*Exogone*. M. Mag. Œrsted n'a pas été témoin des premières métamorphoses des larves de ces Vers ; mais il les a observées lorsqu'elles étaient encore complétement apodes, puis lorsqu'elles avaient quatre paires de tubercules pédiformes, mais pas de soies ; et il est à noter que tous les phénomènes génésiques qu'il signale sont du même ordre que ceux que j'ai décrits chez les Néréides.

Ainsi les observations nouvelles de ces deux Naturalistes Scandinaves tendent à confirmer et à généraliser les conclusions déduites des faits exposés dans le précédent Mémoire.

(1) *Uber die Entwickelung der jungen bei einer Annelide und uber die aussaren Unterschiede Zwischen beiden Geschlechten*, von Mag. Œrsted (*Arch. fur Natur.*, 1845, B. I, p. 20).

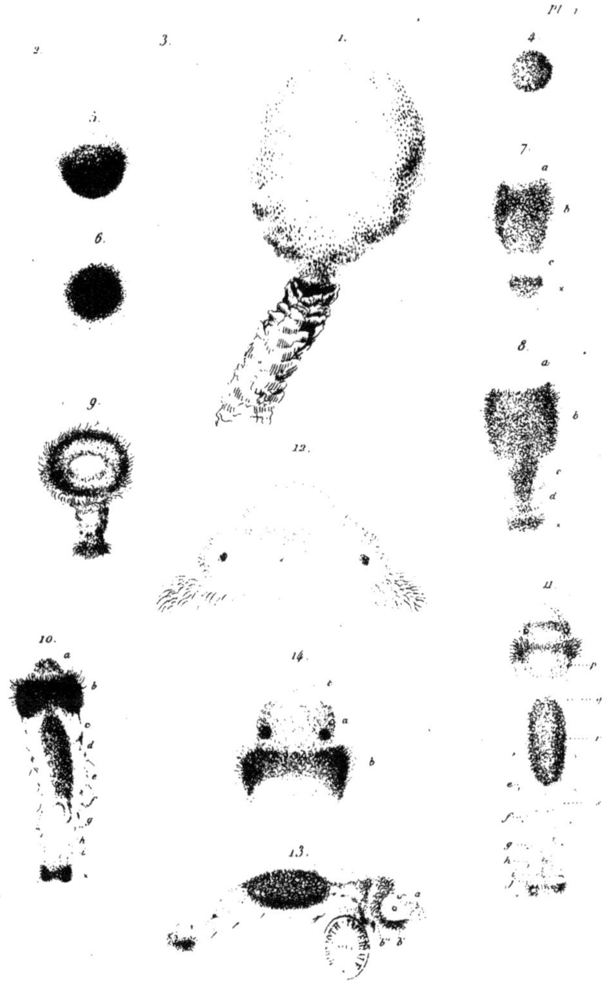

F. del

Développement des Térébelles.

Pl. 2

E. del.

Développement des Térébelles.

Pl. 3

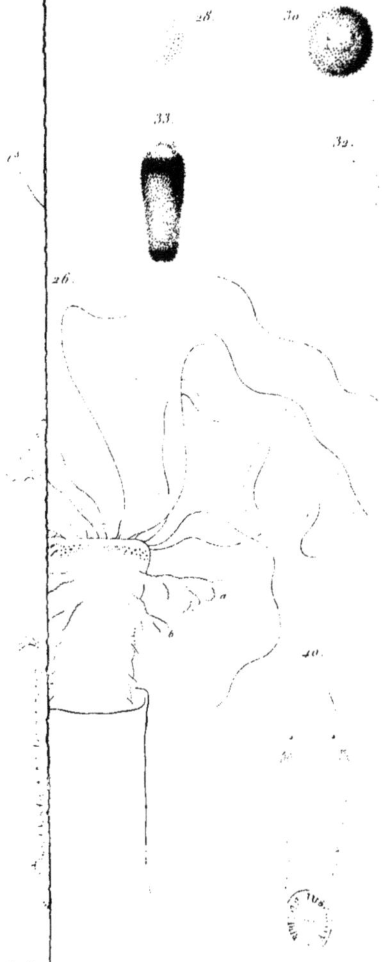

28.

30.

33.

32.

26.

a

b

40.

E. del.

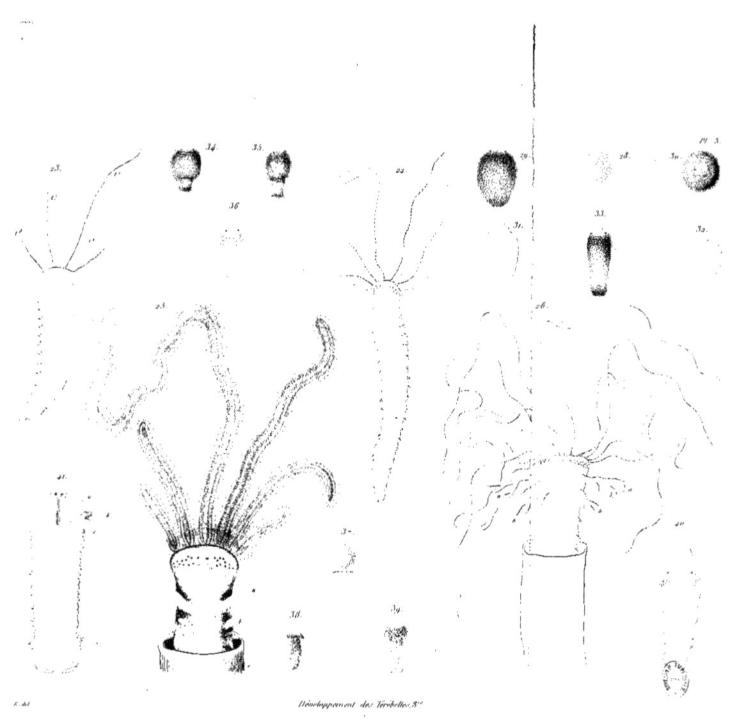

E. del.

Développement des Térébelles, 8.e

3

Pl. 4

27

27 bis

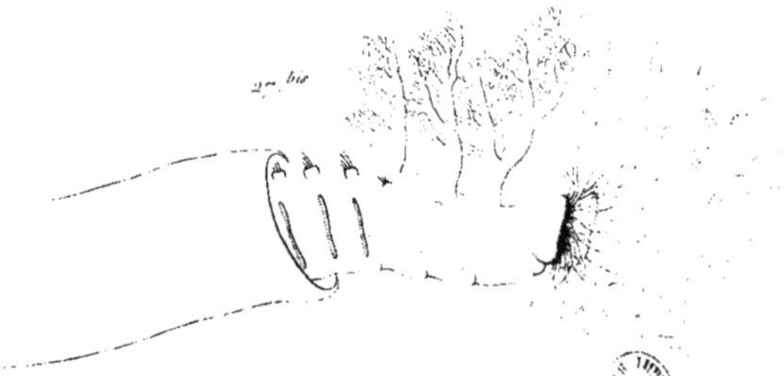

E. del

Terebelle nebuleuse adulte.

S. Rémond imp

Pl. 3

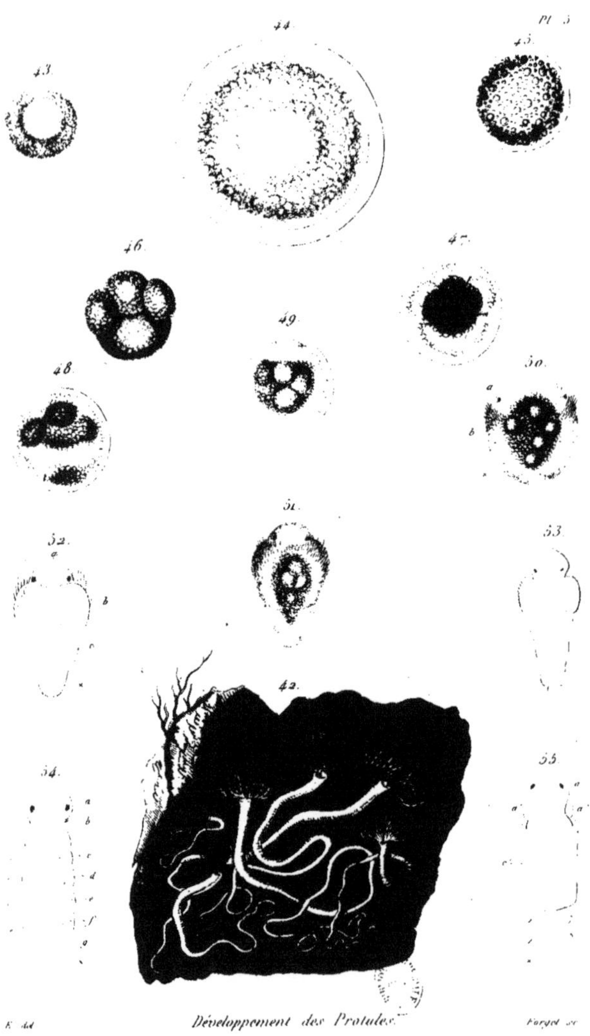

K. del. Développement des Protules. Forget sc.

S. Remond imp.

Pl. 6

Fig. 56 Protule élégante.

Fig. 57-61 Développement des Néréides.

E. del.

V. Reinond imp.

E. del.

Développement des Annélides.

N. Remond imp.

III.

OBSERVATIONS SUR LA CIRCULATION.

ARTICLE PREMIER.

Du mode de distribution des fluides nourriciers dans l'économie animale.

§ 1. En entretenant l'Académie des études zoologiques dont je me suis occupé l'été dernier, pendant mon voyage sur les côtes de la Sicile, j'ai annoncé que j'exposerais avec plus de détails, dans une série de Mémoires particuliers, les résultats de mes observations sur le développement des Annélides, sur la circulation du sang chez les Mollusques et chez les Crustacés, sur la structure des Acalèphes ciliogrades, sur l'organisation des Stéphanomies. Dans une précédente communication, j'ai commencé à m'acquitter de ce devoir, lorsque j'ai fait connaître mes recherches sur les Annélides (1), et, aujourd'hui, je vais poursuivre ma tâche en rendant compte de quelques observations sur la circulation chez les Mollusques; mais, avant d'aborder ce sujet, je crois devoir présenter quelques considérations sur la manière dont je comprends le mode de distribution des fluides nourriciers dans l'économie, considéré dans l'ensemble du règne animal.

En effet, il arrive souvent que, dans les discussions, quelle que soit la nature du sujet débattu, les argumentations se prolongent outre mesure, parce qu'elles roulent sur des équivoques plutôt que sur des faits ou sur des opinions nettement exprimés. Lorsqu'on désire réellement porter la lumière sur une question en

(1) Voyez page 19.

litige, il est donc utile de bien préciser la manière dont on entend cette question, et de formuler catégoriquement la thèse que l'on soutient.

Depuis quelque temps, les opinions que j'ai émises relativement à certains points de physiologie comparée ont été controversées, soit devant l'Académie, soit en dehors de cette enceinte ; par les uns, elles ont été considérées comme des hérésies scientifiques, et on a été jusqu'à les déclarer contraires à tous les principes de la zoologie (1) ; par quelques autres, elles me semblent avoir été mal interprétées ; enfin il est aussi des naturalistes qui, sans avoir eu connaissance de mes résultats, sont arrivés, de leur côté, à des conclusions plus ou moins analogues.

Mon intention n'est pas de soulever ici des questions de priorité, ni d'entrer dans une polémique quelconque ; mais, afin d'éviter, autant que cela est en mon pouvoir, les inconvénients dont je viens de parler comme se présentant d'ordinaire dans les discussions un peu longues, je crois devoir exposer brièvement l'ensemble de mes vues sur un sujet qui se lie d'une manière intime aux matières que j'ai traitées dans mon Mémoire sur la circulation chez les Mollusques. Cela me paraît d'autant plus nécessaire, que ces considérations n'ont pas été, peut-être, suffisamment expliquées ; j'en ai fait usage fréquemment dans mes cours, soit à la Faculté des Sciences, soit au Jardin des Plantes, et elles se trouvent indiquées dans plusieurs publications ; mais, jusqu'ici, j'avais négligé de les développer par écrit, et, comme elles me semblent pouvoir être de quelque utilité en zoologie, je demanderai la permission d'en entretenir l'Académie.

§ 2. En histoire naturelle, ainsi que dans les autres sciences physiques, on ne peut se contenter d'avoir constaté un nombre plus ou moins considérable de faits fournis par l'observation ou par l'expérience ; il faut nécessairement comparer ces faits entre eux,

(1) Si le lecteur était curieux de connaître les arguments et le style des écrivains qui ont servi d'écho aux naturalistes dont les opinions diffèrent des miennes sur ces questions, il pourrait en juger par les articles sur les séances de l'Académie, insérés dans un petit recueil intitulé : *Revue Cuvierienne*, par M. Guérin-Méneville (1844, p. 418 et suivantes ; 1845, n° 2, p. 69, etc.).

les peser, en discuter la signification ; chercher des formules propres à indiquer la tendance générale de tous ces résultats particuliers, et s'aider même d'hypothèses pour lier par un lien commun les éléments épars qui représentent, en quelque sorte, les matériaux encore disjoints de l'édifice scientifique. Lorsque notre attention se porte exclusivement sur les détails innombrables de la zoologie, l'esprit reste inquiet ou devient indifférent, et l'on voudrait pouvoir remonter aux lois qui régissent l'organisation des êtres animés. Jamais, peut-être, ne nous sera-t-il donné d'entrevoir ces règles fondamentales ; mais nous pouvons au moins satisfaire en partie à ce besoin de généralisation, lorsqu'à l'aide d'une hypothèse nous parvenons à coordonner les faits acquis, et lorsque nous arrivons ainsi à représenter la tendance générale de ces mêmes faits, au moyen de quelques formules simples et d'une application utile dans la pratique.

Pour l'étude du sujet dont je vais m'occuper ici, l'utilité d'un pareil guide me semble manifeste, et, par conséquent, avant d'aborder les questions spéciales qu'il me faudra discuter, je crois devoir rappeler brièvement quelques vues générales à l'aide desquelles il devient facile de saisir les relations entre une multitude de faits dont l'existence est bien constatée, mais dont la signification n'a pas été suffisamment examinée. Je me garderai de présenter ces résultats généraux comme étant des *lois zoologiques ;* mais les formules que j'emploie me semblent être l'expression de certaines *tendances* bien évidentes de la nature et avoir de l'utilité en faisant rentrer sous une règle commune beaucoup de faits qui, au premier abord, paraissent être des anomalies difficiles à admettre.

§ 3. Les êtres animés, comme on le sait, présentent entre eux des différences extrêmes sous le rapport des facultés dont ils sont doués. Chez les uns, la vie ne se manifeste que par un petit nombre de phénomènes, et la sphère dans laquelle s'exerce l'activité physiologique est fort restreinte ; chez d'autres, au contraire, les facultés se multiplient à un haut degré, la vie se complique, et toutes les fonctions s'exercent avec une puissance et une précision admirables. En passant des animaux inférieurs jusqu'aux êtres les plus richement dotés, on remarque, à cet égard, des gradations sans nombre, et lorsqu'on cherche à se rendre compte de la manière dont ce perfectionnement s'opère, on voit que, d'abord, c'est un même instrument qui sert à plusieurs usages, mais les résultats de son action sont alors grossiers et imparfaits; le travail vital devient-il, au contraire, plus complet, les facultés diverses se séparent et se localisent; chaque fonction s'exerce à l'aide d'un instrument particulier; et dans l'économie animale, de même que dans les machines qu'emploie l'industrie humaine, un organe remplit toujours d'autant mieux son rôle, que ce rôle est plus spécial.

Ainsi, dans les animaux dont les facultés sont les plus bornées et dont la vie est le plus obscure, on voit toutes les parties du corps jouir des mêmes propriétés physiologiques; chacune d'elles est à la fois un instrument de nutrition, de sensibilité, de mouvement et même de reproduction, de sorte que l'économie de ces êtres inférieurs peut être comparée à un atelier où chacun des ouvriers serait chargé de toute la série des travaux nécessaires pour la confection des objets à fabriquer, et où le nombre de ces instruments, employés tous à l'exécution de travaux semblables, influerait sur la quantité, mais non sur la qualité des produits. Les expériences célèbres de Tremblay sur les Polypes d'eau douce nous fournissent un exemple remarquable de cette confusion de toutes les facultés dans chacune des parties du corps, puisqu'en mutilant ces animaux on ne prive aucun des fragments de l'une des propriétés physiologiques quelconques dont jouissait l'ensemble de l'économie, et que chaque fragment continue à vivre, comme vivait, avant l'expérience, l'animal entier. Mais pour peu que l'on s'élève dans chacune des séries zoologiques, on voit la division du travail s'introduire dans l'organisme; les grandes fonctions se séparent alors pour devenir l'apanage d'autant de parties distinctes, et, à mesure que chacune de ces fonctions se perfectionne de plus en plus, on voit les divers actes dont elle se compose s'exécuter à l'aide d'instruments de plus en plus spéciaux qui concourent, chacun d'une manière particulière, à la production du résultat général, obtenu d'abord par un seul et même organe.

J'ai signalé dans divers écrits un si grand nombre de faits de cet ordre, qu'il serait, je crois, inutile d'en citer ici, et il me semble bien démontré aujourd'hui que le perfectionnement des fonctions coïncide essentiellement avec une division croissante dans le travail physiologique dont l'économie animale est le siége. C'est là, non pas une théorie, mais un fait général; et maintenant, si l'on veut se servir de ce résultat pour coordonner d'autres faits particuliers, il suffit d'admettre, par hypothèse, que c'est effectivement *le principe de la division du travail* que la nature a pris pour guide, et que dans ses créations de plus en plus élevées, elle a porté de plus en plus loin les conséquences de ce même principe, dont l'influence, comme on le sait, a été si puissante sur les progrès de l'industrie humaine.

En partant de cette hypothèse, on aperçoit facilement les rapports qui existent entre une multitude de modifications organiques qui, jusqu'alors, ne semblaient avoir aucun lien commun; et elle peut aussi, je pense, mettre sur la voie de découvertes nouvelles. Jusqu'à ce que l'on ait démontré le contraire, je persisterai donc à admettre que, *dans le règne animal, le perfectionnement des types s'opère essentiellement au moyen de la division du travail dont l'économie est le siége* (1); ou, si l'on aime mieux retourner la proposition, je dirai que *la dégradation de ces types zoologiques dépend essentiellement de l'accumulation croissante des fonctions diverses sur un seul et même instrument.*

§ 4. Une autre tendance de la nature qui me semble être également manifeste, consiste à économiser, autant que possible, les créations nouvelles dans la constitution des animaux dont la perfection s'accroît. Lorsqu'une faculté commence à se localiser, elle s'exerce à l'aide de parties qui existaient déjà dans le type moins perfectionné, et qui, étant modifiées pour s'adapter plus spécialement à un usage particulier, cessent plus ou moins complétement de servir aux autres fonctions, dont elles étaient d'abord l'instrument commun. On dirait même que ce n'est qu'après avoir

(1) Ce principe, que je crois avoir été le premier à formuler, est aujourd'hui adopté par plusieurs naturalistes. Je l'ai développé, il y a vingt ans, dans le *Dictionnaire classique d'Histoire naturelle*, t. XII, p. 339 et suivantes.

épuisé ce genre de combinaison organique que la nature a recours à des moyens plus puissants et arrive à créer dans l'économie animale des parties réellement nouvelles, parties qui, à leur tour, sont destinées à subir, comme les organes déjà existants, une série de modifications, dont le résultat principal est toujours une division de plus en plus parfaite du travail physiologique.

Le système appendiculaire des Crustacés fournit des exemples remarquables de cette tendance. Ainsi chez certains animaux de cette classe, la portion céphalo-thoracique du corps porte une série de membres qui servent chacun comme une patte pour la locomotion et comme une mâchoire pour la division des aliments; mais ils ne peuvent cumuler ces fonctions sans être nécessairement moins propres à l'un ou à l'autre de ces usages qu'ils ne le seraient, si, dans leur structure, tout était calculé dans la vue d'un résultat unique; ce sont des pattes fort médiocres et des mâchoires peu puissantes : aussi chez les Crustacés dont les facultés sont plus parfaites ne voit-on plus de ces instruments à double usage. Mais la division du travail ne résulte pas de l'introduction d'un élément anatomique nouveau dans l'économie; elle s'obtient à moins de frais : la série d'appendices, dont tous les termes étaient d'abord semblables entre eux, se partage en deux groupes ,dont l'un, spécialement affecté à la mastication, n'intervient plus dans le mécanisme de la locomotion, et dont l'autre, devenu étranger aux fonctions digestives, constitue l'appareil du mouvement. C'est aussi aux dépens du système appendiculaire que d'autres Crustacés sont dotés d'instruments particuliers pour la respiration et pour la fécondation, ou pour la conservation des œufs; enfin, dans les espèces les plus élevées de ce groupe naturel, on voit ces instruments d'emprunt être remplacés par des parties qui n'avaient pas jusqu'alors d'analogues dans l'organisation de ces animaux, et qui semblent avoir été créés à l'occasion de ce perfectionnement nouveau; les branchies des Crabes ou des Écrevisses, par exemple.

§ 5. C'est peut-être faute d'avoir connu ces tendances de la nature que quelques auteurs ont admis, comme un axiome en zoologie, que *la fonction est inhérente à l'organe;* de sorte que, lorsque celui-ci vient à disparaître de l'économie, la faculté dont il était l'instrument doit se perdre en même temps. Lamarck, par exemple, refusait la sensibilité à tous les animaux qui n'ont point de cerveau, parce que, chez les êtres où cette faculté est le plus manifeste, elle a pour instrument nécessaire ce centre nerveux. C'est aussi en raisonnant de la sorte qu'on a nié l'existence d'une circulation chez les animaux qui n'ont plus ni cœur, ni artères, ni veines, ou bien que l'on admet l'existence de toutes ces parties partout où les physiologistes ont constaté le mouvement circulatoire des fluides nourriciers.

Mais c'est se former une idée bien petite et bien fausse des ressources de la nature que de la croire assujettie à une nécessité pareille. Il est vrai que la faculté dont elle doue un être vivant ne peut s'exercer qu'à l'aide *d'un* organe ou instrument ; mais cet organe n'est pas nécessairement toujours le même, et des résultats physiologiques du même ordre peuvent être obtenus par les moyens les plus variés.

Lorsqu'on admet cette dépendance nécessaire entre la fonction et l'organe, on ne peut rien comprendre à la physiologie des animaux inférieurs ; car, chez ceux-ci, on voit disparaître tour à tour chacun des instruments qui, chez les êtres plus parfaits, sont indispensables à l'exercice des facultés les plus nécessaires à la conservation soit de l'individu, soit de l'espèce, et cependant ces animaux dégradés vivent et se reproduisent de même que les premiers. Or, pour être conséquent avec les principes de ces zoologistes, il faudrait admettre que ces animaux inférieurs sont en même temps privés de toutes les facultés que possèdent les espèces plus élevées, et que les fonctions qui assurent l'existence de l'individu, par exemple, sont chez eux d'un ordre particulier. C'est effectivement la conclusion à laquelle est arrivé Lamarck, lorsqu'il a voulu appliquer sa doctrine à l'étude des fonctions de relation dans le règne animal tout entier. Mais les distinctions scolastiques que l'on établit de la sorte résident dans les mots plutôt que dans la nature des choses, et ne me semblent être d'aucune utilité dans la science. En adoptant le principe contraire et en ayant égard aux tendances générales dont il vient d'être question, il en est tout autrement ; l'étude physiologique de ces animaux cesse alors d'offrir aucune difficulté sérieuse, et les faits que ces êtres plus ou moins simples nous fournissent se laissent coordonner de la manière la plus facile avec l'ensemble des résultats fournis par l'observation des autres parties du règne animal.

§ 6. L'étude des phénomènes de la circulation chez les animaux inférieurs fournit, ce me semble, des preuves convaincantes de la vérité de ce que je viens de dire. La manière dont s'effectue dans l'intérieur de l'économie la distribution des matières nécessaires à l'entretien de la vie varie extrêmement dans les divers groupes du règne animal, et, sous ce rapport, les êtres les plus simples s'éloignent tant de tout ce que nous sommes accoutumés à voir chez l'Homme ou chez un animal supérieur quelconque, qu'au premier abord beaucoup de naturalistes, ne tenant pas compte des tendances générales que je viens de signaler, rejettent comme impossibles des faits que l'observation et l'expérienee rendent indubitables ; mais, lorsqu'on prend pour guide *le principe du perfectionnement des êtres par la division croissante du travail physiologique*, on voit ces difficultés disparaître, et les résultats qui, dans l'hypothèse contraire, demeuraient incompréhensibles, cessent de paraître anormaux, et prennent place dans un ensemble de faits où tout s'enchaîne et se régularise.

Ainsi, pour le physiologiste qui aurait limité ses études aux phénomènes de la vie chez l'Homme ou chez les Mammifères ordinaires, il répugnerait peut-être de croire que, chez un Mollusque, la circulation puisse s'effectuer sans le secours de veines ; que, chez des Annélides, les Térébelles par exemple, le même organe puisse à la fois tenir lieu d'un cœur et d'un poumon ; enfin que, chez d'autres animaux plus dégradés, une seule cavité puisse cumuler les fonctions de l'estomac, du cœur, des vaisseaux sanguins et du poumon, organes qui, chez les animaux supérieurs, offrent dans leur structure et dans leurs propriétés les différences les plus tranchées. L'observation directe nous apprend néanmoins qu'il en est ainsi, et la comparaison de ces résultats avec les faits fournis par l'étude des autres grandes fonctions de l'économie nous conduit à voir, dans ces anomalies apparentes, une conséquence régulière de l'une des tendances les plus générales de la nature.

§ 7. Chez les animaux les plus simples, de même que chez les êtres vivants les plus parfaits, la nutrition s'effectue à l'aide de la digestion, de la respiration, et du passage des matières absorbées du dehors jusque dans la profondeur des diverses parties de l'organisation ; mais la faculté de digérer, les actes respiratoires et le transport des fluides nourriciers, ne sont pas dépendants de l'action d'organes particuliers ; toutes les parties du corps sont également aptes à remplir en même temps toutes ces fonctions, et il n'existe pour la production de l'ensemble des phénomènes de nutrition aucun indice de division dans le travail physiologique. On sait que, chez l'Hydre par exemple, la surface toute entière du corps jouit de la propriété de réagir sur certaines matières organisées, de façon à en déterminer la dissolution, ou, en d'autres mots, possède le pouvoir d'opérer la digestion des aliments, et que le tissu dont ce corps se compose est un assemblage de parties solides, disposées de manière à laisser entre elles des espaces ou lacunes accessibles aux liquides qui arrivent du dehors, et qui doivent séjourner ou se mouvoir dans l'économie. Cela est si vrai que, lorsqu'on retourne un de ces petits Polypes, comme on retournerait un doigt de gant, la surface qui primitivement était en contact avec l'eau aérée, et qui devait être le siége principal de l'absorption et de l'exhalation respiratrices, devient un instrument de digestion, tandis que la surface opposée, qui auparavant était interne et limitait la cavité stomacale, prend la place et remplit les fonctions de la surface respirante ; enfin, il est également aisé de s'assurer que l'introduction des liquides du dehors jusque dans la profondeur des tissus s'effectue de la même manière, quelle que soit la partie au contact de laquelle ces liquides arrivent.

Mais pour peu que l'on s'élève de ces Polypes si simples vers les animaux plus parfaits, on voit la division du travail s'introduire dans l'organisme. Ce sont d'abord les deux surfaces du corps qui deviennent dissemblables entre elles ; la surface interne devient seule apte à élaborer les matières étrangères qui doivent être employées comme aliments, et la surface externe est modifiée dans sa structure pour devenir un instrument de protection plutôt qu'un organe de nutrition. Des Zoophytes extrêmement voisins des Hydres, les Sertulaires par exemple, nous offrent cette disposition, qui se remarque aussi chez les Alcyons, le Corail, les Gorgones, les Caryophyllies, dont les parties extérieures, durcies par un dépôt de matières cornées ou calcaires, se transforment plus ou moins complétement en une espèce de cuirasse, désignée par les zoologistes sous le nom de Polypier. Chez ces zoophytes, de même que chez tous les animaux plus élevés, la faculté digestive se localise dans une portion déterminée de l'économie, et cette fonction devient l'apanage d'un organe spécial ; mais l'instrument physiologique, sans le concours duquel l'animal ne pourra désormais approprier à ses besoins les aliments organisés, dont il est appelé à se nourrir, ne sert pas d'abord exclusivement à l'élaboration préparatoire des substances nutritives, qui constitue le phénomène de la digestion. L'eau qui y apporte les matières alimentaires tient en dissolution de l'air, et se renouvelle rapidement ; l'échange entre l'oxygène de l'atmosphère et l'acide carbonique produit dans l'intérieur de l'organisme, doit s'effectuer par l'intermédiaire de la surface de la cavité digestive, aussi bien que par toutes les parties de la surface extérieure du corps, dont la perméabilité est assez grande pour que des fluides puissent les traverser facilement. Cette cavité doit par conséquent être le siége de phénomènes de respiration, aussi bien que du travail digestif, et souvent même cette respiration stomacale doit être plus active que la respiration cutanée, parce que la surface extérieure se solidifie au point d'opposer de grands obstacles à l'absorption ainsi qu'à l'exhalation, tandis que la surface interne offre toujours une grande perméabilité. Enfin, cette même cavité stomacale est encore un instrument de circulation, car elle se prolonge au loin dans l'économie, et l'eau qui y pénètre, et qui tient en suspension ou en dissolution des matières nutritives, y est agitée de mouvements plus ou moins rapides, et en la parcourant parvient jusque dans le voisinage de toutes les parties, dans la profondeur desquelles ces matières doivent servir au travail d'assimilation. La cavité commune distribue donc dans toute la longueur du corps le fluide nourricier, comme le ferait une grande artère chez un animal supérieur ; mais ce fluide n'est pas encore un suc particulier : ce n'est pas du sang, c'est seulement de l'eau puisée directement au-dehors, et tenant en dissolution ou en suspension une petite quantité de sels et de matières organiques ou organisées, dont la dissolution ou la désagrégation s'est effectuée sous l'influence de la faculté digestive dont jouit cette même cavité.

Les Campanulaires et les Sertulaires nous offrent un exemple de cette disposition si simple, mais en même temps si imparfaite. Chez ces Polypes, le corps grêle et cylindrique offre, dans toute sa longueur, une cavité creusée dans un tissu spongieux et communiquant au dehors par un orifice unique destiné à remplir alternativement les fonctions d'une bouche et d'un anus ; l'eau chargée de matières organiques y pénètre en grande abondance, et, pendant que les aliments y subissent une sorte de digestion, des courants rapides s'y établissent et promènent sans cesse, d'une extrémité du corps à l'autre, les matériaux dont les diverses parties de l'organisation doivent s'emparer pour les assimiler à leur propre tissu, ou pour les employer à l'entretien de l'espèce de combustion, qui paraît se produire partout où le mouvement vital se manifeste chez les êtres animés. En étudiant sous le microscope ces petits Zoophytes à l'état vivant, j'ai été maintes fois témoin de cette sorte de circulation stomacale ; et d'ailleurs, ce phénomène curieux n'a échappé à l'observation d'aucun des zoologistes qui, dans ces derniers temps, se sont occupés de la physiologie des Polypes marins.

Dans un autre type zoologique appartenant à la même classe, la distribution des matières nutritives, jusque dans les parties les plus éloignées de l'économie, s'effectue d'une manière plus parfaite, car la cavité alimentaire, au lieu d'être un simple réservoir cylindrique occupant l'axe du corps, se continue supérieurement sous la forme d'une multitude de loges dont l'extrémité conique s'avance jusqu'au sommet de chacun des appendices ou tentacules qui entourent la bouche du Polype. L'eau servant à la respiration, de même que les matières nutritives élaborées dans la portion centrale ou stomacale de la cavité digestive, baigne directement tous les replis et les cloisons dans l'épaisseur desquels se trouvent les organes de la génération, etc., et arrive de la sorte jusqu'en contact avec tous les points de la surface interne des parois membraneuses du corps, qui, par leur surface externe, se trouvent en rapport avec le même liquide.

Cette disposition, qui existe chez les Caryophyllies, les Actinies, les Lucernaires et probablement chez tous les Polypes de l'ordre des Zoanthaires, est intermédiaire entre le mode d'organisation dont il vient d'être question chez les Sertulariens et la structure de l'appareil gastrovasculaire des Alcyons, des Gorgones, des Cornulaires, du Corail, etc. Dans le groupe naturel formé par ces Zoophytes, le corps du Polype (1) est creusé d'une grande cavité dont la conformation ne diffère que peu de celle de l'estomac des Zoanthaires; seulement elle communique moins directement avec l'extérieur, car la bouche est suivie d'un canal cylindrique qui fait l'office d'un premier estomac, et qui s'ouvre inférieurement dans la cavité générale par un orifice garni d'un sphincter, dont la contraction s'oppose d'ordinaire au passage des matières trop grossièrement divisées; enfin, la cavité générale ne se continue pas seulement sous la forme de loges tubulaires ou de poches cylindriques jusque dans l'intérieur des tentacules et même des franges dont le bord de ces appendices est garni; j'ai constaté qu'elle communique aussi directement avec un système de canaux étroits et rameux, qui se répand dans la profondeur du tissu charnu dont la base des Polypes est entourée, et le réseau capillaire, formé par ces dépendances de l'appareil digestif, établit une communication entre l'estomac et les parties les plus éloignées de la masse vivante qui résulte de l'agrégation de tous les individus dont se compose chacune de ces espèces de colonies (2).

Il existe là, comme on le voit, un premier indice de la division

(1) Voyez la planche relative à ce système gastro-vasculaire, qui accompagne une Note sur la structure du Corail, insérée ci-après.

(2) Voyez à ce sujet mon *Mémoire sur les Alcyons*, inséré dans les *Annales des Sciences naturelles*, 2e série, t. IV, p. 333, pl. 16 et 17.

du travail physiologique, qui, chez les animaux plus parfaits, amène la distinction entre les fonctions de la digestion et de la circulation. La distribution des fluides nourriciers s'effectue à l'aide d'un système de canaux consacré spécialement à cet usage; mais ce système n'est qu'une portion de l'ensemble de cavités qui, chez des Polypes plus simples, servaient en même temps à la préparation et à la répartition des matières alimentaires, et il se continue sans interruption avec la portion vestibulaire ou stomacale dans laquelle la faculté digestive se trouve maintenant concentrée. Or, de cet état de l'organisation à l'existence de deux appareils complétement distincts pour l'exercice de ces deux fonctions nutritives, il n'y a qu'un pas. Effectivement, admettons, pour un instant, que la communication entre la portion stomacale de ce système de cavités et la grande lacune périgastrique ou chambre viscérale, au lieu d'être directe et béante, comme chez les Alcyoniens, se trouve rétrécie par une multitude de petites brides entrecroisées et disposées sur plusieurs plans; elle cessera d'être visible à l'œil; la cavité destinée à contenir et à distribuer le liquide nourricier sera en apparence parfaitement close; mais ce liquide pourra encore y arriver de la cavité digestive en filtrant à travers les lacunes irrégulières et plus ou moins étroites, que les fibres de cette espèce de feutrage organique laissent entre elles. Au lieu d'un seul système de cavités s'étendant depuis la bouche jusque dans les parties les plus éloignées de l'économie, il y aura alors deux systèmes distincts; l'un, en forme de sac ou de tube, constituera l'appareil digestif, et l'autre, plus ou moins rameux, deviendra l'appareil de la circulation.

§ 8. Les Polypes ne sont pas les seuls Zoophytes chez lesquels la division du travail s'établit de la sorte dans l'ensemble des fonctions de nutrition, et les Acalèphes offrent même des modifications de structure correspondantes aux divers modes d'organisation que nous venons de signaler chez les Sertulariens, les Zoanthaires et les Alcyoniens.

Parmi les Médusaires, je citerai les Pélagies comme exemple de la forme dégradée de l'organisation dans laquelle un seul et même système de cavités sert à préparer le liquide nourricier et à le distribuer dans toutes les parties de l'économie, ou, en d'autres mots, tient lieu d'un appareil digestif et d'un appareil circulatoire. Chez ces Zoophytes, le corps est creusé d'une grande cavité centrale qui communique au dehors par la bouche, et qui se continue avec douze loges prismatiques séparées entre elles par des cloisons seulement, et s'avançant dans l'épaisseur de l'ombelle jusqu'au bord de ce disque (1); ces cavités périphériques se continuent, à leur tour, avec des canaux creusés dans l'axe de chacun des filaments tentaculaires, dont le bord de l'ombelle est garni, et les matières alimentaires avalées par l'animal y pénètrent et s'y digèrent; l'eau aérée y arrive aussi en abondance par la bouche et par l'estomac central, et circule de la sorte dans toutes les parties du corps. Ainsi, c'est par l'intermédiaire d'un même agent organique que toutes les matières nécessaires à l'entretien du travail nutritif sont élaborées et portées en contact avec les tissus vivants.

Chez les Rhizostomes, dont Cuvier a fait connaître la structure singulière, l'estomac central est mieux délimité, et la portion périphérique du système cavitaire général, au lieu d'être constituée par une série de grandes loges, se rétrécit et prend la forme de canaux cylindriques, qui se résolvent bientôt en une multitude de petites lacunes irrégulières en communication les unes avec les autres, et dont l'ensemble représente, tout autour de l'ombelle, une sorte de réseau capillaire (2).

Chez les Médusaires du genre Aurélie, les Béroès, etc., les canaux qui se rendent de l'estomac vers le bord de l'ombelle cessent d'être semblables entre eux; les uns se ramifient à peu près comme chez les Rhizostomes, tandis que les autres ne se divisent pas et établissent des communications directes entre la cavité centrale et un canal marginal, dans lequel vont aboutir aussi les divisions des vaisseaux rameux dont il vient d'être question (3).

(1) Voyez la pl. 8, fig. 1, représentant une Pélagie injectée en rouge.

(2) Pl. 9, fig. 1, représentant le système gastro-vasculaire du Rhizostome injecté.

(3) Pl. 10, fig. 1a, représentant le système gastro-vasculaire de la Cyanée aureillarde.

Ici la division du travail est portée même plus loin que chez les Polypes de l'ordre des Alcyoniens; en effet, la portion vestibulaire du système cavitaire général peut seule fonctionner à la manière d'un estomac, car les canaux gastro-vasculaires sont trop étroits pour que les aliments s'y introduisent, et la portion périphérique de ce même système, chargée spécialement de la distribution des liquides nourriciers, se subdivise à son tour en instruments destinés à porter les sucs de l'estomac vers le bord du manteau, et en conduits servant à rapporter ces liquides de la périphérie du corps vers le centre ; car, en observant au microscope les mouvements des humeurs chez ces Zoophytes, on voit des courants en sens inverse dans les canaux rameux et dans les canaux simples, et, en général, ces derniers rapportent le fluide de la circonférence du corps vers le centre. Il y a donc, chez ces animaux, une véritable circulation ; des conduits particuliers fonctionnent à la manière des artères, tandis que d'autres vaisseaux jouent le rôle de veines seulement; mais ces canaux ne suffisent pas pour compléter le cercle parcouru par le liquide nourricier, et c'est par l'intermédiaire de l'estomac qu'ils sont mis en communication, de la même manière que les artères et les veines des animaux supérieurs sont rendus continus au moyen des cavités du cœur.

Enfin, dans le genre *Lesueuria*, bien que la circulation s'effectue encore au moyen de canaux dépendants de l'appareil digestif, et en communication directe avec l'estomac, la division du travail est portée plus loin, car la cavité centrale se trouve partagée en deux portions par un sphincter, et c'est dans la portion vestibulaire que la digestion des aliments s'opère, de façon que la portion supérieure ou profonde reçoit les liquides nourriciers déjà élaborés, et sert comme d'un réservoir central, d'où partent les courants centrifuges et où viennent aboutir les courants centripètes (1). Le cercle circulatoire est ainsi complété, sans le concours de la cavité digestive proprement dite ; mais les canaux dont ce cercle se compose sont évidemment les mêmes que ceux

(1) Voyez la figure que j'en ai donnée dans un précédent Mémoire, *Annales des Sciences naturelles*, 2ᵉ série, t. XVI, pl. 3.

dans lesquels s'effectuait l'élaboration, aussi bien que le transport des matières nutritives chez les Acalèphes les plus simples, et ils forment encore avec l'appareil digestif un seul et même système de cavités.

§ 9. Dans tous les animaux dont il vient d'être question, les liquides qui parcourent les diverses parties de l'économie ou qui séjournent dans les cavités dont le corps est creusé sont partout les mêmes, et la nutrition n'a pas pour agent spécial un suc particulier, auquel on puisse donner le nom de *sang;* c'est, comme je l'ai déjà dit, de l'eau qui arrive directement du dehors, et qui, chargée d'oxygène et de matières organiques, se répand partout où la nutrition doit s'effectuer, puis s'échappe au-dehors. Depuis l'Eponge jusqu'aux Polypes du genre Corail ou Gorgone, et jusqu'aux Acalèphes les plus élevés en organisation, il n'existe, à cet égard, aucune division du travail; un seul et même liquide baigne la surface extérieure de l'animal, et se renouvelle plus ou moins rapidement dans le système de cavités dont le corps est creusé; chemin faisant, cette eau aérée dissout les matières organiques qui s'y trouvaient en suspension, et qui sont rendues solubles par l'influence des forces digestives, fournit aux tissus les matériaux qui doivent y être assimilés, ainsi que le principe comburant nécessaire à l'entretien de la vie; se charge de l'acide carbonique, résultant de la combustion respiratoire et des autres produits du travail éliminatoire, dont toutes les parties vivantes sont le siége; sert enfin à emporter au loin et à chasser de l'économie tous ces résidus de la nutrition; elle représente par conséquent tout à la fois le sang, le chyle, le fluide respirable, et les humeurs excrémentielles dont l'existence et les rôles sont si nettement déterminés chez les animaux supérieurs. Mais cette multiplicité d'usages entraîne l'imperfection dans chacun des résultats à produire, car les conditions qui tendraient à favoriser le développement de telle ou telle de ces fonctions sont contraires à l'exercice de telle autre; la digestion, par exemple, doit s'accommoder mal du flux abondant de liquides, sans lequel la distribution des sucs nourriciers ne peut être rapide, et sans lequel aussi la combustion respiratoire doit être faible et obscure. Pour accroître l'énergie des diverses facultés, dont le concours est nécessaire à l'accomplissement du phénomène de la nutrition, il faut donc que la nature divise le travail, et affecte à chaque fonction un agent spécial.

C'est effectivement ce qui s'observe, lorsqu'on s'élève de ces animaux dégradés vers les divers types zoologiques les plus parfaits. La cavité stomacale, comme on le sait, devient alors distincte de la cavité sanguifère, et la surface par laquelle les matières organiques pénètrent dans l'économie cesse d'être la voie par laquelle l'élément comburant s'introduit ; ou, en d'autres mots, la digestion, la respiration et la circulation, se localisent dans autant d'appareils distincts, et s'effectuent par l'intermédiaire de fluides différents.

§ 10. Mais, chez beaucoup d'animaux inférieurs, cette division du travail, quoique bien manifeste, n'est pas complète, et les instruments affectés spécialement à l'une des grandes fonctions de nutrition peuvent encore concourir plus ou moins activement à l'accomplissement d'une autre de ces fonctions. L'appareil digestif, par exemple, peut, dans certains cas, venir en aide aux organes affectés à la respiration, ou contribuer à l'accomplissement de cette distribution des matières nutritives aux diverses parties de l'économie, qui est un des principaux résultats du phénomène de la circulation. La cavité alimentaire fonctionne alors à peu près de la même manière que chez les Zoophytes, dont il a été question ci-dessus ; seulement le travail respiratoire et le travail circulatoire dont elle est le siége cèdent maintenant en importance aux actes digestifs, et la distribution des sucs nourriciers, ainsi que l'introduction de l'oxygène libre dans la profondeur de l'économie, s'effectuent principalement par d'autres organes.

Pour les personnes à qui l'ensemble de la zoologie est familier, il serait peut-être inutile de citer ici des faits à l'appui de la proposition que je viens d'énoncer, et que j'ai souvent développée dans mes cours publics ; mais comme elle a été déclarée inadmissible par quelques naturalistes, je crois devoir citer un ou deux exemples bien connus de cette accumulation de fonctions.

J'ai dit que, chez certains animaux, la cavité digestive peut servir comme instrument de respiration. Pour s'en convaincre, il suffit d'étudier une larve de Libellule, ou de lire les observations de Réaumur (1) et de Cuvier (2) sur les usages et la structure de l'intestin chez ces Insectes. On voit alors que l'eau aérée est alternativement introduite et expulsée du rectum par l'orifice anal, et que c'est par les parois de cette portion de l'intestin que l'animal respire. La Loche des étangs paraît présenter un phénomène du même genre, mais plus remarquable encore. Ce Poisson, assure-t-on, avale sans cesse de l'air par la bouche, et l'expulse ensuite par l'anus, après avoir remplacé par de l'acide carbonique l'oxygène contenu dans ce fluide (3). Enfin, je rappellerai encore ici que, chez les Biphores et les Ascidies, parmi les Mollusques, et chez l'Amphioxus, parmi les Poissons, c'est une seule et même cavité qui remplit les fonctions d'un vestibule pour l'appareil digestif, et d'une chambre branchiale pour la respiration.

§ 11. La cavité alimentaire qui, chez les Polypes, les Acalèphes et quelques autres animaux inférieurs, effectue le transport des matières nutritives jusque dans les parties les plus éloignées de l'économie, en même temps qu'elle sert comme vase digestif pour l'élaboration de ces substances; cette cavité, dis-je, peut également concourir plus ou moins efficacement à la distribution des fluides nourriciers, lors même qu'il existe un autre système de cavités ou de canaux destinés spécialement à contenir le sang et à faire circuler ce liquide. Ches les Nymphons, par exemple, j'ai constaté l'existence d'un certain nombre de canaux qui partent de l'intestin, pénètrent jusqu'à l'extrémité des pattes, et reçoivent dans leur intérieur les matières nutritives, que l'on y voit circuler comme dans la cavité gastro-vasculaire d'un Polype (4). On comprend facilement que les matières liquides, ballottées dans l'intérieur de ces appendices de l'intestin, doivent filtrer à travers les

(1) *Mém. pour servir à l'histoire des Insectes*, t. VI, p. 393, etc.

(2) *Leçons d'anatomie comparée*, t. IV, p. 440.

(3) Cuvier, *Règne animal*, t. II, p. 278.

(4) Cette observation, qui date de 1827, a été consignée dans une des notes de Latreille, jointes à la seconde édition du *Règne animal* de Cuvier (t. IV, p. 277; Paris, 1829), et a été exposée avec plus de détails dans mon *Histoire naturelle des Crustacés*, t. III, p. 531 (Paris, 1840).

parois membraneuses de ces tubes, comme elles filtrent à travers les parois de l'intestin lui-même, et que, dès lors, venant à se mêler au fluide nourricier répandu alentour, elles peuvent arriver promptement en contact avec les parties qu'elles sont destinées à nourrir, bien que la masse du sang ne soit pas animée d'un mouvement circulatoire rapide, et ne se rende pas régulièrement du centre de l'économie jusque dans les parties les plus éloignées du corps.

La même disposition de l'appareil digestif et le même transport des matières nutritives à l'aide des appendices tubulaires de l'intestin ont été observés plus récemment chez les Pychnogonons par M. de Quatrefages, et rappellent ce qui avait déjà été vu par M. Audouin et par moi chez le Nicothoé du Homard (1).

L'embranchement des Mollusques offre également des exemples de cette disposition organique, au moyen de laquelle l'appareil digestif peut venir en aide aux instruments chargés de distribuer les fluides nourriciers dans l'intérieur de l'économie. Effectivement, il me paraît difficile de refuser des usages de ce genre au système de canaux ramifiés qui, chez les Éolidiens, naît du tube digestif et pénètre souvent jusque dans les tentacules du front, et jusqu'à l'extrémité postérieure du manteau, ainsi que dans chacun des appendices branchiaux dont le dos de ces Mollusques est garni ; car en observant à l'état vivant un de ces animaux dont les tissus étaient remarquablement transparents, j'ai vu les matières nutritives passer directement de l'estomac ou de l'intestin dans ces vaisseaux, et les parcourir rapidement dans toute leur longueur (2). Le sang, dont la circulation est plus ou moins incomplète, baigne, comme chez les Nymphons, la surface externe du système gastro-vasculaire, et, par conséquent, à moins de supposer que les parois de ces appendices du tube alimentaire s'opposent à toute absorption du chyle, il faut admettre que les produits du travail digestif vont, dans presque tous les points du corps, se mêler au sang, dans le voisinage immédiat des parties à la nutrition desquelles ces matières sont destinées. Les

(1) *Ann. des Sc. nat.*, 1re série, t. IX, p. 345 (1826).
(2) *Ann. des Sc. nat.*, 2e série, t. XVIII, p. 330 (1842).

substances assimilables arrivent donc à leur destination plus promptement et plus sûrement que si leur transport du centre du corps jusque dans les points les plus éloignés s'effectuait par la seule influence des courants sanguins, et il en faut conclure que, chez ces Mollusques, de même que chez les Nymphons, l'appareil digestif fonctionne comme un appareil d'irrigation organique, aussi bien qu'à la manière d'un appareil d'élaboration chimique pour la préparation des sucs nourriciers.

C'est là aussi le résultat auquel M. de Quatrefages est arrivé, à la suite de ses nombreuses observations sur la structure des Éolidiens ; et c'est pour rappeler cette disposition vasculaire d'une portion de l'appareil digestif, ainsi que les fonctions des ramifications de la cavité alimentaire, qu'il a proposé de désigner ces animaux sous le nom de *Mollusques phlébenthérés*. Il a vu, comme moi, les matières nutritives circuler dans le système gastro-vasculaire, phénomène dont MM. Hancock et Embleton ont été également témoins (1); il a vu aussi que le sang baigne la surface de ces canaux rameux de la même manière que ce liquide baigne l'intestin lui-même, et, par conséquent, il a dû penser que c'est par leur intermédiaire, aussi bien que par l'intermédiaire de la portion centrale du système digestif, que le chyle pénètre dans la profondeur de l'économie; que la diffusion des produits de la digestion résultant de cette disposition organique ne peut que venir en aide à la circulation lente et incomplète des liquides nourriciers, et que, de la sorte, la nature supplée à l'imperfection du système vasculaire sanguin en faisant concourir aux mêmes fonctions des instruments empruntés à l'appareil digestif.

§ 12. Quelle que soit, du reste, la disposition du tube intestinal et de ses dépendances, nous voyons que, chez la plupart de ces animaux, ce tube cesse de communiquer librement et directement avec le système de cavités destinées à contenir le fluide nourricier, et que ce dernier système ne consiste d'abord que dans l'espace au milieu duquel le canal alimentaire se trouve suspendu, et les autres interstices que les divers organes ou les parties constituantes de ces organes laissent entre eux.

(1) *Annals and Magazine of Natural History*, vol. XV, p. 83.

L'eau, qui, chez les animaux inférieurs surtout, constitue la plus grande portion de la masse du fluide nourricier, arrive directement du dehors dans le système de cavités destinées à suppléer à l'appareil circulatoire, chez les Polypes, les Médusaires, etc. Un des zoologistes les plus distingués de la Belgique, M. Vanbéneden (1), pense qu'il en est de même chez un grand nombre de Mollusques, et je suis porté à croire que son opinion est fondée. Le pore qui existe à côté de l'anus, chez les Doris, et qui a depuis longtemps été remarqué par M. Savigny (2), pourrait bien être destiné à livrer passage à de l'eau, dont le mélange avec le sang s'opérerait alors directement, au lieu de s'effectuer, à l'aide de l'absorption, comme cela a lieu chez les animaux supérieurs. Effectivement, en faisant, avec M. Valenciennes, des expériences sur ces mollusques, nous avons vu souvent des liquides colorés, que nous injections dans la cavité abdominale, s'échapper au dehors par cette voie. L'orifice qui se trouve à la face inférieure du pied de divers Gastéropodes pectinibranches, et qui a été décrit par M. Delle Chiaje comme l'entrée d'un système aquifère, semble devoir remplir un rôle analogue, et peut-être faudra-t-il considérer les corps spongieux situés autour des grosses veines chez les Céphalopodes, comme étant des sortes de cribles servant également à l'admission de l'eau du dehors dans l'intérieur de l'appareil circulatoire (3).

§ 13. Quoi qu'il en soit de ces communications avec l'extérieur, le système de cavités qui renferme le fluide nourricier, et qui représente par conséquent l'appareil circulatoire des animaux supérieurs, ne consiste, chez les Mollusques les plus inférieurs, que dans la cavité abdominale ou périgastrique, et dans les autres lacunes que les divers organes ou les parties constituantes de ces

(1) *Sur la circulation du sang chez les animaux inférieurs* (*Comptes-rendus des séances de l'Académie des Sciences*, 24 février 1845, p. 517).

(2) Voyez les planches du grand ouvrage sur l'Égypte (Gastéropodes, pl. 1, fig. 1[4], *q*, et fig. 4[1], *q*).

(3) C'est principalement sur les résultats fournis par quelques expériences faites sur le Poulpe et la S iche, par M. Valenciennes et moi, que cette opinion est fondée.

organes laissent entre eux. Les Bryozoaires présentent ce mode d'organisation ; et en observant ces animaux sous le microscope, j'ai souvent été témoin des mouvements circulatoires plus ou moins réguliers dont le liquide, ainsi épanché autour du canal digestif, est animé ; mouvements dont l'existence a d'ailleurs été constatée depuis longtemps par MM. Dumortier (1), Nordmann (2).

Chez les Insectes, ainsi que chez quelques Crustacés inférieurs, le sang est également répandu dans la cavité viscérale, dans les espaces compris entre les muscles, les nerfs, les téguments, etc., et dans les lacunes, plus petites encore, comprises entre les fibres ou les lamelles constitutives des divers tissus organiques. Ce liquide est caractérisé par la présence de corpuscules ou globules d'une forme particulière, et, dans beaucoup de cas, on peut facilement s'assurer qu'il circule dans ce système de cavités irrégulières, à peu près comme le sang des Vertébrés circule dans le système vasculaire de ces animaux. J'ai fréquemment observé ce phénomène sur des larves de divers Insectes, du Dytisque, de la Libellule ou de l'Agrion, par exemple ; et à l'aide d'injections, aussi bien que par l'observation directe des courants sanguins, je me suis convaincu de l'absence de vaisseaux destinés à renfermer le liquide nourricier et à le conduire dans les différentes parties de l'économie. A cet égard, je partage tout-à-fait l'opinion de Cuvier et de mon savant ami, M. Léon Dufour ; et la seule différence essentielle qui me semble exister entre le système d'irrigation nutritive des Insectes et des Mollusques bryozoaires consiste dans la nature de l'agent mécanique dont le jeu détermine le courant circulatoire. Chez les derniers, il n'existe aucun organe d'impulsion particulier, et les mouvements du fluide nourricier paraissent dépendre de l'action de cils vibratiles garnissant les parois de quelques parties du système cavitaire, tandis que, chez les Insectes,

(1) Voyez *Mémoire sur l'anatomie et la physiologie des Polypiers composés d'eau douce, appelés Lophopodes*. (*Bull. de l'Acad. des Sc. de Bruxelles*, t. II, p. 435.)

(2) Voyez *Micrographische Beitraege*, II, p. 75, et *Observations sur la Faune Pontique*, publiées dans le *Voyage dans la Russie méridionale*, par M. Demidoff, t. III, p. 721.

ces mêmes courants sont dus aux contractions d'un tube dans l'intérieur duquel le sang pénètre pour être ensuite lancé dans une direction déterminée. Cette espèce de cœur n'est autre chose que le vaisseau dorsal des Insectes, et l'influence de ses battements sur le cours du sang est facile à reconnaître lorsqu'on étudie des larves dont les téguments sont suffisamment transparents, et dont le sang charrie beaucoup de globules.

Dans la classe des Crustacés, de même que chez les Insectes, le sang occupe tous les espaces que les divers organes laissent entre eux et remplit la cavité abdominale, ainsi que les lacunes plus petites situées entre les fibres musculaires, sous la peau, etc. ; mais le cœur, au lieu de s'ouvrir directement dans ce système de cavités communes, comme chez les Insectes, se continue avec un système de tubes particuliers dont les parois sont bien délimitées, et dont la portion périphérique se ramifie dans la substance de tous les organes : ces vaisseaux assurent la distribution régulière et rapide du fluide nourricier jusque dans les parties les plus éloignées du corps, et constituent de la sorte un appareil artériel très remarquable; mais, par leurs dernières ramifications, les vaisseaux centrifuges ainsi formés se continuent et se confondent avec le réseau de lacunes que les fibres ou les lamelles constitutives des tissus laissent entre elles, et ces lacunes capillaires communiquent à leur tour avec les vides plus considérables situés entre les organes, de façon que le sang, lancé par le cœur dans les artères, etc., et parvenu dans les dernières ramifications de ces tubes, s'épanche dans le système lacunaire interstitiaire général, par l'intermédiaire duquel il revient vers le cœur et achève son mouvement circulatoire. Ainsi, de même que chez les Insectes, le fluide nourricier baigne directement tous les organes et remplit la cavité abdominale, et c'est seulement après avoir traversé l'appareil respiratoire qu'il se trouve de nouveau renfermé dans des vaisseaux à parois propres.

Cette circulation semi-vasculaire, semi-lacuneuse, paraît exister aussi chez les Arachnides, et il me semble bien démontré aujourd'hui que, sous ce rapport, il n'existe aucune différence essentielle entre le grand embranchement des Mollusques et le groupe naturel des animaux Articulés. Chez les Mollusques, de même que chez les Crustacés, une portion plus ou moins considérable du cercle parcouru par le sang en mouvement est toujours constituée par les lacunes ou espaces interorganiques ; jamais ce liquide ne se trouve emprisonné, comme on le supposait, dans un système clos et complet de vaisseaux à parois propres ; quelquefois il n'existe, pour une portion considérable du corps, ni artères ni veines, d'autres fois les artères portent le sang partout où il y a vie à entretenir, mais il n'y a pas de veines pour assurer le retour du fluide nourricier qui s'épanche dans les lacunes comprises entre les diverses parties solides de l'organisation ; d'autres fois encore, l'appareil de la circulation se perfectionne davantage, car il existe des veines aussi bien que des artères dans une portion plus ou moins grande du corps ; mais ces veines ne suffisent jamais pour compléter le cercle que le fluide nourricier doit parcourir, et la cavité abdominale ou péritonéale joue toujours le rôle d'un réservoir sanguin, aussi bien que d'une chambre viscérale (1).

Dans l'embranchement des Vertébrés, il n'en est plus de même. Là, comme chacun le sait, le sang rouge ne s'épanche jamais dans les grandes cavités du corps, et se trouve renfermé dans un système de tubes à parois membraneuses représentant un cercle fermé.

Ainsi, à mesure que l'on s'élève des Bryozoaires et des Insectes vers les Mollusques les plus parfaits, et que l'on passe de ces derniers aux Poissons, aux Reptiles et aux Vertébrés à sang chaud, on voit un système de tubes à parois propres se substituer de plus en plus complétement aux simples lacunes, dans lesquelles les courants du liquide nourricier s'établissent chez les animaux inférieurs.

§ 13. Des modifications analogues s'observent dans la constitution des canaux sanguifères, même chez les animaux les plus élevés, lorsqu'on examine ces conduits au moment de leur formation. Dans le blastoderme du Poulet, par exemple, le réseau vasculaire de l'aire veineuse consiste d'abord en un système de lacunes

(1) Voyez ci-après mon Mémoire sur la circulation chez les Mollusques.

qui semblent se creuser dans le tissu de ce disque membraneux, et qui communiquent entre elles de la manière la plus irrégulière. Bientôt ces cavités, que l'on peut comparer à un ensemble de lacs de diverses grandeurs, réunis entre eux par des goulets tortueux, se transforment pour ainsi dire en fleuves : elles se canalisent par l'élargissement des détroits primitifs, et le rétrécissement des lacunes les plus vastes ; enfin, et par les progrès du travail génésique, ces canaux ne tardent pas à s'encaisser et à se transformer en vaisseaux proprement dits par le développement d'une membrane tubuleuse tout autour du liquide en mouvement dans leur intérieur.

Lorsque, par suite d'un état pathologique de l'économie, des vaisseaux sanguins se développent dans une fausse membrane, les choses se passent encore de la même manière : ce n'est pas un vaisseau déjà formé et appartenant aux tissus voisins qui s'allonge et s'avance dans le tissu nouveau, ce sont des espaces irréguliers qui se creusent dans la substance de ce dernier, et qui, après s'être mis en communication avec les parties voisines du système vasculaire, se canalisent et se transforment en véritables vaisseaux sanguins.

§ 14. Cette substitution de tubes membraneux à la place de simples lacunes peut être expliquée de la manière la plus simple.

On sait que toutes les fois que, chez l'Homme, un liquide irritant, du pus par exemple, se fraie une route entre les organes pour se porter au dehors, la voie qu'il parcourt est d'abord une lacune irrégulière pratiquée dans le tissu cellulaire inter-organique, et communiquant librement avec les méats d'alentour ; mais les observations des pathologistes nous apprennent que, peu à peu, cette lacune s'isole, se transforme en un canal tubulaire, et s'entoure d'une fausse membrane parfaitement distincte des parties voisines. C'est l'influence excitante du courant qui détermine la formation de cette tunique anomale, et qui sépare ainsi de l'ensemble du système lacunaire de l'économie une cavité particulière, ayant la forme d'un vaisseau à parois propres. Dans les cas de fistules anciennes, ces canaux accidentels se constituent presque toujours, et acquièrent souvent une longueur assez considérable.

On sait également que lorsque des parties lubrifiées par un liquide frottent souvent l'une contre l'autre, la nature tend à les revêtir d'une membrane qui, après en avoir garni la surface, se continue de l'une à l'autre, de façon à circonscrire la cavité dans laquelle le liquide s'amasse, et à constituer un sac comparable aux poches synoviales et séreuses.

Ainsi, toutes les fois que des mouvements fréquents s'établissent accidentellement entre les parois d'une cavité et un liquide irritant accumulé dans son intérieur, ces parois se régularisent et tendent à se revêtir d'une membrane particulière. Par conséquent, si l'on admet que, dans l'état normal de l'économie, des causes analogues produisent des effets semblables, on comprendra que, pour déterminer la transformation du système sanguin lacunaire en un système de vaisseaux à parois propres, il pourra suffire de l'influence excitante du sang en mouvement sur les tissus entre lesquels ces cavités se trouvent pratiquées.

Cette vue nous donnera aussi la clef de l'envahissement progressif du cercle circulatoire par les vaisseaux propres, que nous avons remarqué en comparant entre eux les Insectes, les Crustacés, les Mollusques, etc.

Effectivement, si c'est le sang dont le frottement et l'influence excitante déterminent la formation des parois vasculaires, il est évident que c'est d'abord là où le courant est le plus rapide et le plus puissant, c'est-à-dire dans le voisinage de l'organe d'impulsion que les lacunes doivent se changer en tubes, et que, par conséquent, dans les ébauches plus ou moins imparfaites de l'appareil vasculaire dont les animaux sans vertèbres nous offrent des exemples si variés, les artères doivent se montrer avant les veines; or, l'anatomie comparée nous apprend qu'il en est toujours ainsi. Chez les Crustacés, par exemple, les vaisseaux artériels sont d'une grande perfection, tandis que le système veineux n'est constitué que par des lacunes. Les Arachnides manquent aussi de veines proprement dites, quoiqu'elles aient des artères bien développées, et les Mollusques, comme je l'ai déjà annoncé, offrent d'une manière plus ou moins complète la même disposition.

Il est aussi à noter que, lorsque des veines existent aussi bien que des artères, leurs parois sont plus minces et d'un tissu moins serré que celles des tuniques artérielles.

Enfin, les canaux artériels eux-mêmes acquièrent quelquefois des parois propres dans le voisinage du cœur, sans qu'ils en aient dans leurs dernières ramifications : ainsi, chez les Mollusques acéphales, les vaisseaux qui portent le sang au manteau sont d'abord bien distincts, mais se résolvent peu à peu en un système capillaire lacuneux : or, on sait que la capacité de l'appareil circulatoire augmente à mesure que les canaux se ramifient de plus en plus, et par conséquent le cours du sang doit se ralentir en passant des gros troncs dans les branches terminales.

On comprend également que si l'excitation produite par le contact du sang sur les tissus constitutifs du système lacunaire général détermine la formation des parois vasculaires, le fluide nourricier, qui, par son passage à travers l'organe respiratoire, s'est chargé d'oxygène, peut agir de la sorte plus activement que du sang veineux, et, par conséquent, que lorsque la portion centripète du cercle circulatoire tend à se canaliser et à acquérir des parois propres, les conduits branchio-cardiaques ou les veines pulmonaires devront se transformer en tubes avant les cavités veineuses proprement dites, disposition dont les Mollusques, aussi bien que les Crustacés, offrent de nombreux exemples.

Ainsi, tout dans l'organisation des animaux inférieurs semble se passer comme si l'hypothèse que je viens d'exposer était l'expression de la vérité et indiquait réellement le mécanisme par lequel la nature perfectionne l'appareil de la circulation. Cette théorie a l'avantage de rattacher les phénomènes pathologiques aux phénomènes normaux de la physiologie, et elle nous permet de comprendre comment des tubes vasculaires et des lacunes peuvent s'unir pour constituer un seul et même cercle sanguifère, et comment la transition peut s'opérer entre ces deux espèces de cavités.

Il me semble donc que les vaisseaux sanguins à parois propres doivent être considérés comme des lacunes modifiées par le développement d'un tissu utriculaire ou autre sur les parois qui limitent ces cavités, et que, suivant toute probabilité, le développement de ce tissu, disposé en forme de tube rameux, est excité par l'influence du courant sanguin sur les parties organiques d'alentour.

§ 15. Quoi qu'il en soit du mécanisme de la formation des vaisseaux proprement dits, nous voyons que, chez les animaux les plus élevés, le sang est renfermé dans un système de tubes membraneux, tandis que, chez les animaux inférieurs, les tuniques propres de ces canaux disparaissent peu à peu, et que le fluide nourricier s'épanche librement entre les organes.

Mais cette différence, dont l'importance est très considérable aux yeux de l'anatomiste, n'est pas aussi fondamentale qu'on pourrait le supposer de prime abord, et, dans l'un et l'autre cas, la nature intime des voies parcourues par le sang reste la même.

Effectivement, chez l'Homme, de même que chez les Mollusques ou les Insectes, les parties solides de l'économie laissent entre elles une multitude d'espaces libres de formes et de dimensions variables, que les anatomistes désignent sous divers noms. Ces lacunes sont remplies par des fluides, et elles communiquent toutes entre elles : seulement, cette communication s'établit tantôt par des solutions de continuité tissulaire tellement larges que l'œil peut en constater l'existence, et que le passage est facile pour toutes les matières contenues dans ce système de cavités ; tandis que d'autres fois ces mêmes voies de communication entre diverses portions du système lacunaire général se rétrécissent au point d'échapper à la vue et d'opposer des obstacles infranchissables au passage de certaines matières, des corpuscules solides ou des liquides visqueux, par exemple, bien qu'elles se laissent encore traverser par d'autres substances dont les molécules sont plus ténues. La clôture de ce système de cavités, par rapport au monde extérieur, de même que l'isolement d'une portion de ce système au milieu de l'économie, n'est jamais absolue ; elle est relative seulement à telle ou telle substance, et les parois de ces espèces de vases organiques sont toujours perméables pour certains fluides. Les expériences de M. Magendie et de plusieurs autres physiologistes sur l'imbibition, ainsi que les recherches de M. Dutrochet sur l'endosmose, le prouvent surabondamment. Ainsi, lorsqu'une portion du système cavitaire de l'économie s'isole pour constituer l'appareil vasculaire des animaux supérieurs, elle est limitée par des parois comparables à des tamis, ou plutôt à une gaîne de feutre dont les lacunes sont trop étroites pour laisser filtrer les corpuscules solides du sang, mais suffisent pour livrer passage au sérum ou à d'autres substances plus fluides. Les phénomènes d'exhalation et de transsudation qui s'observent pendant la vie, de même que l'épanchement des liquides injectés dans du système vasculaire, chez le cadavre, me semblent établir ce fait d'une manière irrécusable, et s'il fallait en donner de nouvelles preuves, rien ne serait plus aisé. Je citerai, par exemple, les expériences faites par MM. Doyère et Quatrefages (1), ainsi que par M. Lambotte (2), qui, en employant des procédés particuliers, sont parvenus à injecter des canaux en continuité directe avec les vaisseaux sanguins, mais d'un calibre tellement étroit, que les globules du sang ne pouvaient pas y pénétrer. Chez le Chien, ils ont rempli de la sorte des capillaires dont le diamètre ne pouvait être évalué à plus de $\frac{1}{800}$ ou même $\frac{1}{1000}$ de millimètre, et, dans cet animal, les globules rouges du sang n'ont pas moins de $\frac{1}{150}$ de millimètre.

Ainsi la clôture apparente des cavités dans lesquelles le sang se trouve enfermé, chez les animaux supérieurs, ne dépend que d'une certaine disproportion entre les dimensions de la portion du système lacunaire général qui est en communication directe ou plutôt en continuité avec ces cavités et les propriétés mécaniques du sang lui-même : le volume des globules rouges, par exemple. L'intérieur d'un vaisseau sanguin, chez un Mammifère ou chez un Reptile, communique avec les méats du tissu cellulaire d'alentour, de même que ces lacunes se continuent avec les canaux lym-

(1) Voyez les *Comptes-rendus des séances de la Société philomatique*, dans le journal *L'Institut*, t. IX, p. 73.

(2) *Mémoire sur l'organisation des membranes séreuses*. (Voyez *L'Institut*, t. IX, p. 41.)

phatiques et les grandes cavités viscérales du corps : seulement les lacunes interposées entre ces divers systèmes de cavités sont trop étroites pour que, dans les circonstances ordinaires, le sang puisse les traverser, et elles ne livrent passage qu'au sérum ou à la portion aqueuse de ce liquide chargée de certains principes solubles, dont les propriétés chimiques peuvent même se modifier sous l'influence de l'espèce de tamis représenté par le feutrage plus ou moins serré de la tunique vasculaire.

Chez les animaux dont les globules du sang ont un volume considérable, cette clôture relative du système vasculaire s'effectue à moins de frais, si je puis m'exprimer ainsi, que chez les animaux à petits globules; le feutrage du tissu qui limite ces tubes est moins serré chez les Poissons et les Reptiles que chez les Mammifères et les Oiseaux, et les lacunes dont il est creusé, tout en étant suffisamment étroites pour refuser le passage aux globules du sang, se laissent facilement traverser par des liquides tenant en suspension des corpuscules solides, dont la division a été portée plus loin, tandis que ces mêmes substances, injectées dans les vaisseaux d'un Mammifère, y restent emprisonnées (1). De là, l'extravasation si facile des liquides colorés lorsqu'on injecte l'appareil circulatoire d'un Poisson ou d'une Salamandre aquatique, sans qu'il y ait aucune rupture de tissus.

Je n'examinerai pas dans ce moment si, chez les animaux vertébrés, la totalité du cercle circulatoire est constitué, soit par des vaisseaux à parois propres, soit par des canaux vasculaires, ou bien si une portion du système capillaire reste à l'état de simples lacunes ou de cavités canalisées, mais non encaissées dans une tunique propre. Cette question peut être négligée dans la discussion des analogies qui existent entre l'appareil de la circulation des divers animaux ; car lors même qu'elle serait résolue de manière à établir que, dans ce grand embranchement du règne animal, le système vasculaire est bien réellement complet, c'est-à-dire constitué dans tous les points du cercle circulatoire par

(1) J'apprends de mon collègue M. Valenciennes qu'en poursuivant ses longues recherches sur l'organisation des Poissons, il a eu souvent, ainsi que moi, l'occasion de remarquer ce fait.

des tubes à parois propres, il n'en serait pas moins évident, ce me semble, que le même caractère fondamental se retrouve d'une part dans l'ensemble de cavités formé par ce système, par les méats du tissu cellulaire et par les vaisseaux lymphatiques, et d'autre part dans le réseau de lacunes qui, chez les animaux inférieurs, tient lieu de tous ces appareils. Les modifications que nous offre le système cavitaire général, considéré dans les divers types zoologiques, ne sont même que des conséquences de cette tendance au perfectionnement de l'organisme par la division du travail physiologique, sur laquelle j'ai déjà appelé l'attention. Chez les animaux inférieurs, toutes les cavités interorganiques fonctionnent de la même manière et communiquent librement entre elles; mais lorsqu'on s'élève vers les organismes parfaits, on trouve que les voies par lesquelles le fluide nourricier parcourt le plus facilement l'économie, et qui sont, en quelque sorte, les grandes routes de la circulation, se séparent de plus en plus des lacunes d'alentour pour se consacrer plus particulièrement à ce service de transport; alors elles se régularisent et se constituent en vaisseaux, qui sont les instruments spéciaux de l'irrigation nutritive; la partie la plus fluide du sang peut seule s'échapper de ces canaux pour se répandre dans les méats circumvasculaires, et cette dernière portion du système de cavité générale a pour fonction spéciale d'être le siége du travail assimilatoire et de servir d'intermédiaire entre les éléments organiques des tissus et leurs vaisseaux nourriciers. Enfin, chez les animaux dont la constitution est plus parfaite encore, cette portion du système lacunaire général, dont le sang rouge est exclu, se subdivise à son tour en deux systèmes secondaires servant, l'une à recevoir et à utiliser le sérum ou *plasma* sorti des vaisseaux sanguins; l'autre à reporter dans le cercle circulatoire l'excédant de ce fluide et les substances dont il se charge pendant son séjour dans la profondeur des tissus, c'est-à-dire le système des méats interorganiques du tissu cellulaire d'une part et le système des canaux lymphatiques de l'autre part. Mais tout en se séparant et en se spécialisant de la sorte, ces trois portions de l'ensemble du système cavitaire restent unies et communiquent plus ou moins librement entre elles. Chez les animaux les plus élevés, ces communications échappent à l'œil, et c'est seulement par les injections les plus délicates et par les résultats dus à leur existence, que cette existence elle-même peut être démontrée, tandis que, chez les animaux inférieurs, elles deviennent si manifestes, que, pour les apercevoir, il n'est souvent besoin ni du microscope ni du scalpel.

Ainsi le mode de constitution de l'appareil circulatoire que j'ai signalé chez les Mollusques et que je vais faire connaître d'une manière plus complète dans l'article suivant, loin d'être une anomalie, se trouve en harmonie parfaite avec les tendances générales de la nature ; c'est un des degrés de la série de modifications par lesquelles l'organisation animale se prête à la division croissante du travail physiologique ; et la connaissance de la dégradation du système vasculaire chez des animaux, tels que le Poulpe ou le Colimaçon, dont l'économie atteint, sous d'autres rapports, un haut degré de perfectionnement, loin d'être, comme je l'ai entendu dire autour de moi, un résultat qui, *s'il était vrai, serait bien fâcheux pour la science*, me semble être utile, d'abord comme se rapportant à l'histoire de l'une des grandes fonctions dans tout un embranchement du règne animal, et ensuite comme pouvant contribuer à rectifier certaines opinions erronées touchant les principes de la zoologie, et à jeter quelques lumières sur l'un des points les plus disputés de l'anatomie humaine ; savoir, l'existence ou l'absence des vaisseaux séreux.

Je ne m'arrêterai pas davantage sur ces considérations générales ; ayant indiqué les rapports qui me paraissent exister entre les principaux modes suivant lesquels la distribution des matières nutritives s'opère dans l'économie chez les divers animaux, je passerai à l'examen de la question particulière dont je me proposais de traiter spécialement ici, et j'exposerai les faits sur lesquels reposent les résultats que j'ai annoncé concernant la circulation du sang chez les Mollusques.

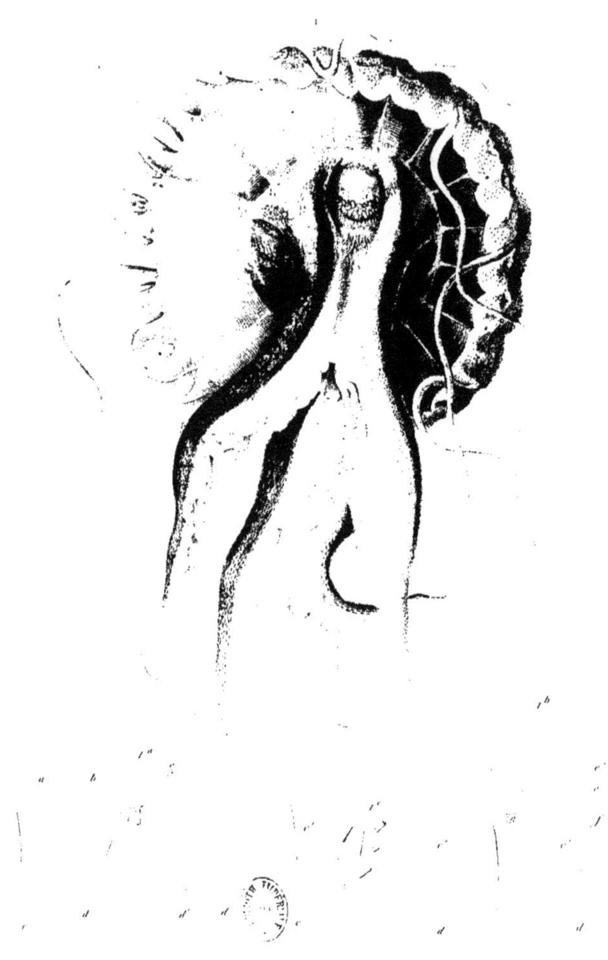

PELAGIE NOCTILUQUE (Pelagia noctiluca)

Rémond imp.

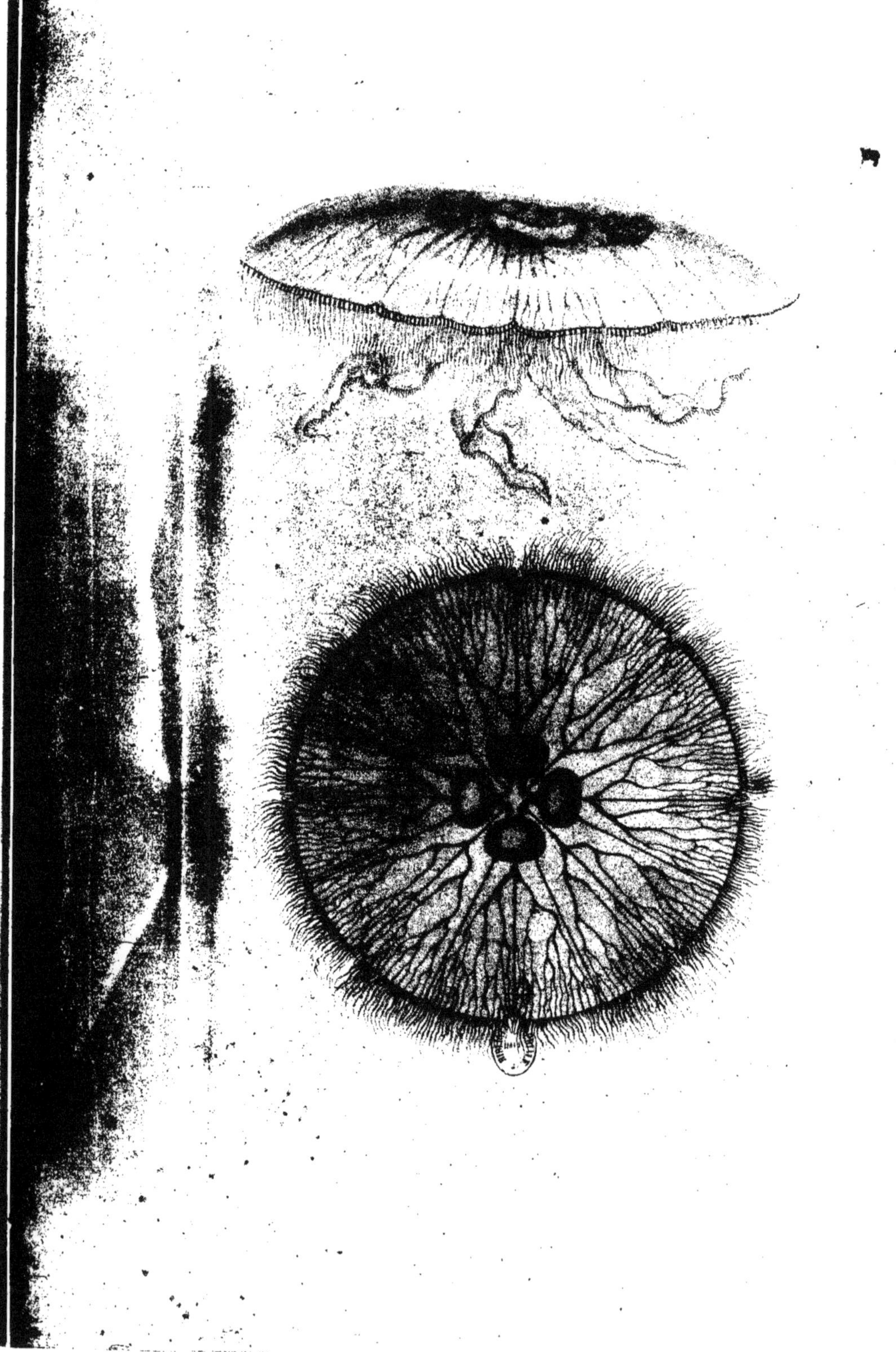

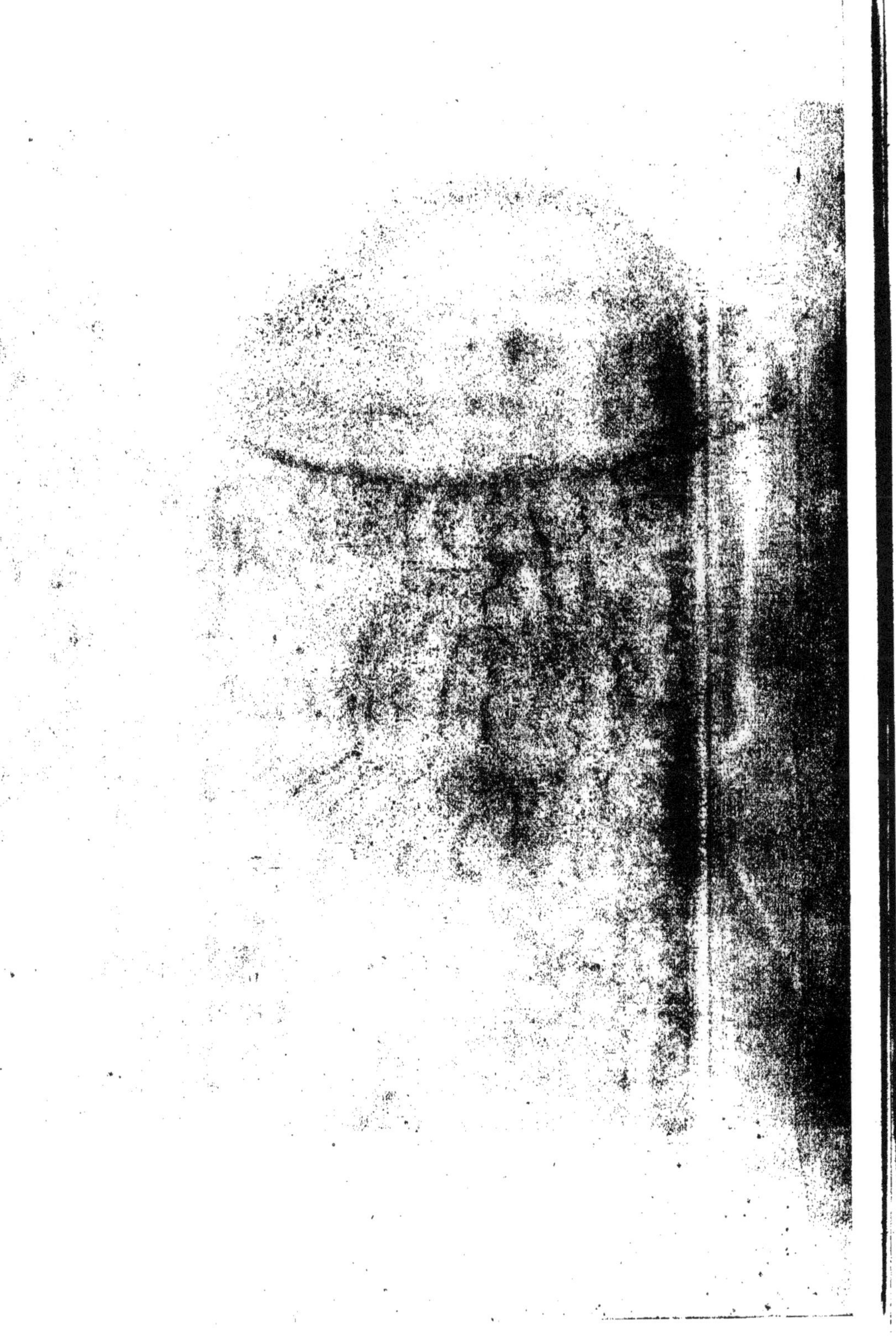

ARTICLE SECOND.

Observations et expériences sur la circulation chez les Mollusques.

(Lues à l'Académie des Sciences, le 3 février 1845.)

Dans un travail que j'ai eu l'honneur de communiquer à l'Académie en 1839 (1), j'ai fait voir que, chez les Mollusques inférieurs connus sous les noms d'*Ascidies composées* et d'*Ascidies sociales*, une portion considérable du cercle circulatoire parcouru par le sang est composée de vaisseaux tubuleux comparables aux artères et aux veines des animaux supérieurs, mais que dans une autre partie de ce cercle il n'en est pas de même ; que là il n'existe plus ni artères ni veines, le liquide nourricier est épanché entre les organes, en baigne directement la surface, et pénètre dans la profondeur des tissus par une sorte d'infiltration. Effectivement, dans l'abdomen de ces Mollusques, le sang, au lieu d'être renfermé, comme d'ordinaire, dans un système clos de canaux à parois propres, circule dans les espaces que les viscères laissent entre eux, et remplit la grande cavité destinée à loger ces organes.

Ce singulier mode de circulation rappelle jusqu'à un certain point ce que M. Audouin et moi avions constaté chez les Crustacés, il y a bientôt vingt ans, mais s'accorde si mal avec les idées généralement reçues touchant la structure du système sanguin chez les Mollusques ordinaires, que j'aurais douté de l'exactitude de mes résultats si l'observation des faits avait été moins facile. Mais, en examinant ces animaux lorsqu'ils sont encore pleins de vie, et lorsque la transparence naturelle de leurs tissus n'a pas été altérée par les moyens de conservation auxquels on est obligé d'avoir recours dans les musées, on voit le courant sanguin (reconnaissable aux globules charriés par le liquide) passer de la portion vasculaire du cercle circulatoire dans la cavité abdominale, parcourir celle-ci en divers sens, et s'engager même dans les prolongements en forme de doigts de gants, dont la partie inférieure du sac péritonéal est souvent garnie. Si l'on se contente de l'étude

(1) *Observations sur les Ascidies composées des côtes de la Manche* (*Mémoires de l'Académie des Sciences*, t. XVIII).

de la vie faite sur le cadavre, on peut méconnaître cette disposition remarquable ; mais, pour quiconque a sous les yeux une Claveline vivante et sait voir, le doute me semble impossible. D'ailleurs, si j'avais conservé à cet égard quelque incertitude, elle aurait cessé lorsque j'ai eu l'occasion d'observer à l'état vivant certains Mollusques appartenant à une famille différente, mais à la même classe, les *Salpa*, qui, à certaines époques de l'année, abondent sur divers points de la Méditerranée, aux environs de Nice par exemple.

Au premier abord, cet état d'imperfection de l'appareil circulatoire dans la classe des Tuniciers ou Mollusques acéphales sans coquilles de Cuvier me paraissait devoir être un caractère propre à ce groupe, et constituer un nouvel exemple de ces dégradations des grands appareils physiologiques, qui s'observent si fréquemment dans les rangs inférieurs de chacune des principales séries naturelles du règne animal, sans qu'elles entraînent avec elles la disparition du type fondamental propre à la série ainsi modifiée ; mais en me rappelant une observation déjà ancienne de Cuvier, j'ai pensé que cette circulation semi-vasculaire, semi-lacuneuse, pourrait bien ne pas être un fait isolé dans la physiologie des Mollusques. Effectivement, dans son beau Mémoire sur l'Aplysie (1), Cuvier nous apprend que, chez ce Gastéropode, les canaux destinés à porter le sang veineux aux branchies ont pour parois des faisceaux musculaires seulement, et que les espaces compris entre ces faisceaux établissent une communication directe entre les veines caves ou artères branchiales, comme on voudra les appeler, et la cavité abdominale ; que, par leur extrémité antérieure, ces gros vaisseaux se confondent même avec la cavité générale du corps, et que les liquides contenus dans celle-ci pénètrent aisément dans le système circulatoire, et réciproquement.

« Cette communication, dit Cuvier (2), est si peu d'accord avec » ce que nous connaissons dans les animaux vertébrés, que j'ai » voulu longtemps en douter, et même après l'avoir fait connaître » à l'Institut, il y a quelques années, je n'osai pas d'abord faire » imprimer mon Mémoire, tant je craignais de m'être trompé ;

(1) Voyez *Mémoires pour servir à l'histoire et à l'anatomie des Mollusques*. Paris, 1817; et *Annales du Muséum*, t. II.

(2) *Op. cit.*, p. 13.

» enfin, je suis obligé de céder à l'évidence ; et, dans ce moment, » où je peux disposer d'autant d'Aplysies qu'il me plaît, je viens » de m'assurer par toutes les voies possibles :

» 1° Qu'il n'y a point d'autre vaisseau pour porter le sang aux » branchies que ces deux grands conduits musculaires et *percés* » que je viens de décrire ;

» 2° Que toutes les veines du corps aboutissent médiatement ou » immédiatement dans ces deux grands conduits.

» Or, comme leur *communication avec la cavité abdominale est* » *évidente et palpable*, qu'on les appelle veines caves, ou cavités » analogues au ventricule droit, ou enfin artères branchiales, car » on voit qu'ils remplissent les fonctions de ces trois organes, il » résulte toujours que les fluides épanchés dans la cavité abdomi- » nale peuvent se mêler directement dans la masse du sang et » être portés aux branchies, et que les veines font l'office des vais- » seaux absorbants.

» Cette vaste communication (ajoute encore Cuvier) est sans » doute un premier acheminement à celle bien plus vaste encore » que la nature a établie dans les Insectes, où il n'y a pas même » de vaisseaux particuliers pour le fluide nourricier. »

Le rapport entre la découverte faite par Cuvier en disséquant l'Aplysie, et les résultats auxquels j'étais arrivé en étudiant au microscope les Biphores et les Ascidies est si manifeste que je ne pouvais le méconnaître ; et d'ailleurs l'Aplysie n'est pas le seul Mollusque chez lequel des communications libres avaient été constatées entre les vaisseaux sanguins et la cavité abdominale. Ainsi MM. Owen (1) et Valenciennes (2) ont trouvé chez le Nautile un nombre considérable de grands orifices qui, de la veine cave, débouchent directement dans cette cavité, et M. Delle Chiaje a observé chez le Poulpe, le Pecten et plusieurs autres Mollusques, une disposition particulière du système circulatoire qui me paraissait se lier également à une structure analogue à celle dont il vient d'être question, bien que cet anatomiste habile l'ait inter-

(1) Voyez *Memoir on the Pearly Nautilus*, by Richard Owen, in-4. London, 1832. Traduit en français dans les *Annales des Sciences naturelles*, 1re série, t. XXVIII, 1833 (page 120).

(2) *Nouvelles recherches sur le Nautile flambé* (*Archives du Muséum*, t. II, p. 287).

prété autrement (1). D'après ces considérations, j'ai été conduit à penser que le système vasculaire des Mollusques en général n'était probablement pas aussi complet qu'on le croit communément, et qu'il serait intéressant d'examiner si le caractère particulier que m'avait offert le mode de circulation chez les Tuniciers ne se retrouverait pas, d'une manière plus ou moins marquée, dans tout le grand embranchement des Malacozoaires.

Cette question est une de celles dont je me suis occupé pendant mon séjour sur les côtes de la Sicile, et pour la résoudre j'ai eu recours à des expériences physiologiques aussi bien qu'à des observations anatomiques.

L'Académie connaît les résultats auxquels ces recherches m'ont conduit. Dans un écrit dont j'ai eu l'honneur de déposer un exemplaire sur le bureau, dans la séance du 25 novembre dernier, j'ai annoncé que, « chez les Mollusques, même » les plus parfaits, le système des vaisseaux à l'aide desquels le » sang circule dans l'économie est plus ou moins incomplet; de » sorte que, dans certains points du cercle circulatoire, ce liquide » s'épanche dans les grandes cavités du corps ou dans les lacunes » dont la substance des tissus est creusée (2). » J'ai ajouté aussi que, sous ce rapport, la structure de ces animaux se rapproche extrêmement du mode d'organisation que j'avais précédemment constaté chez les Crustacés, où le système veineux général manque tout entier, et se trouve remplacé, quant à ses fonctions, par les espaces irréguliers que les divers organes laissent entre eux.

Je comprends facilement la surprise que quelques anatomistes ont pu éprouver en lisant le passage que je viens de citer, et même les doutes qui ont pu s'élever dans leur esprit sur l'exactitude de mes observations, car on se forme d'ordinaire une idée bien différente du système circulatoire des Mollusques. Effectivement, dans les ouvrages les plus récents sur ces matières, on dit que cet appareil est *un système de vaisseaux clos dans lequel le sang de tout le corps est enfermé* (3), et dans d'autres livres qui, pour avoir

(1) *Animali invertebrati*, t. I et II.

(2) Rapport adressé à M. le Ministre de l'instruction publique, sur les résultats d'une mission scientifique en Sicile (*Moniteur* du 17 novembre 1844, et ci-dessus p. 1).

(3) Voyez Duvernoy, *Additions aux Leçons d'anatomie de Cuvier*, t. VI, p. 3

précédé de plusieurs années les Traités auxquels je viens de faire allusion, n'en sont pas moins considérés, à juste titre, comme faisant toujours autorité dans la science, on décrit les veines comme étant constamment pourvues d'une tunique propre, et comme venant de toutes les parties du corps se réunir en branches, puis en tronc de plus en plus gros, pour pénétrer ensuite dans l'organe respiratoire ; on rappelle, il est vrai, les orifices signalés par Cuvier dans les veines de l'Aplysie, mais on affirme néanmoins que, chez *tous les Malacozoaires, l'appareil de la circulation est complet* (1). J'ai aussi pendant longtemps partagé cette erreur commune (2) ; mais aujourd'hui je crois pouvoir démontrer :

1° Que l'appareil vasculaire n'est complet chez aucun Mollusque ;

2° Que, dans une portion plus ou moins considérable du cercle circulatoire, les veines manquent toujours et sont remplacées par des lacunes ou par les grandes cavités du corps ;

3° Que souvent les veines manquent complétement, et qu'alors le sang, distribué dans toutes les parties de l'économie au moyen des artères, ne revient vers la surface respiratoire que par les interstices dont je viens de parler.

A l'appui de ces propositions, je ne rapporterai pas tous les faits de détail qui ont contribué peu à peu à former mon opinion ; il me suffira, je crois, de citer un petit nombre d'expériences qui me paraissent être décisives, et qui sont d'ailleurs si faciles à répéter, que tous les anatomistes pourront vérifier l'exactitude de mes observations.

J'ai dit que chez les Mollusques le système veineux manque en totalité ou en partie, et que la cavité viscérale tient lieu d'une portion du cercle circulatoire. Pour s'en assurer, il suffit d'injecter un peu de lait dans l'abdomen d'un Colimaçon vivant.

(Paris, 1839). — Owen, *Lectures on the Comparative Anatomy and Physiology of the invertebrate animals*, p. 13. (London, 1843.)

(1) Cuvier, *Règne animal*, t. I, p. 50, et t. III (2e édition, 1829 et 1830). — Meckel, *Anatomie comparée*, t. VI, chap. 7. — Blainville, art. MOLLUSQUES du *Dict. des Sc. nat.*, t. XXXII, p. 109 (Paris, 1824), et *Manuel de Malacologie*, p. 130 (Paris, 1825).

(2) Voyez mes *Éléments de Zoologie*, t. I, p. 50 (2e édition. Paris, 1840).

Ce liquide, dont notre savant collègue M. Duméril s'était déjà servi avec succès pour l'injection du système gastro-vasculaire des Méduses, a l'avantage de n'irriter que peu les tissus avec lesquels il arrive en contact, et d'être, en général, assez facile à reconnaître par son opacité et sa teinte particulière. Quand on l'injecte dans la cavité abdominale du Colimaçon, il s'y mêle au sang veineux arrivant des diverses parties du corps, pénètre avec ce liquide dans les vaisseaux afférents du poumon, passe dans les veines pulmonaires, et s'introduit enfin dans le cœur, qui bientôt le chasse dans les artères chaque fois que son ventricule se contracte.

Afin de rendre plus palpable cette communication libre entre la cavité abdominale et la portion vasculaire de l'appareil circulatoire, il est bon d'employer de préférence au lait une dissolution de gélatine colorée par un précipité abondant de chromate de plomb, car cette matière pénètre aussi très facilement de la cavité abdominale dans les vaisseaux du poumon et de ceux-ci jusque dans le cœur ; sa couleur jaune crue tranche sur les teintes rompues des divers tissus, et la solidification de la gélatine ainsi injectée rend permanentes les traces de son passage. Pour bien assurer la réussite de cette expérience, il faut aussi empêcher l'animal de se contracter avec violence, comme cela arrive d'ordinaire dès qu'un liquide étranger pénètre dans son abdomen, et ce résultat s'obtient en déterminant par submersion une asphyxie incomplète ; en effet, le corps du Mollusque est alors étendu comme lorsqu'il rampe sur le sol, mais reste flasque, et ne donne que peu de signes d'irritabilité.

J'ai l'honneur de placer sous les yeux de l'Académie quelques unes des préparations obtenues par ce procédé. L'injection a toujours été faite en poussant doucement le liquide coloré dans la grande cavité viscérale du corps par une petite ouverture pratiquée sur le dos ou à la base de l'un des tentacules céphaliques du Colimaçon ; les bords de la plaie ont été comprimés, de façon à oblitérer l'orifice des petits vaisseaux divisés par l'instrument tranchant, et dans les autres parties de l'économie on n'a ouvert ni artères ni veines ; cependant les nombreux vaisseaux qui portent le sang de tous les organes dans l'appareil respiratoire, et qui forment à la voûte de la cavité pulmonaire un magnifique réseau, sont remplis de chromate de plomb, et l'injection, après avoir pénétré de la sorte dans le système de la petite circulation et l'avoir traversé tout entier, est arrivé dans l'oreillette du cœur. Pour s'en assurer, il suffit de l'observation à l'œil nu ; mais c'est seulement en s'aidant d'une loupe qu'on pourra voir comment le passage s'est effectué. Ces préparations montrent aussi que les liquides épanchés dans la cavité abdominale pénètrent immédiatement dans les canaux veineux destinés à porter le sang du foie, des ovaires et des autres organes vers l'appareil de la respiration, ainsi que dans les lacunes intermusculaires, qui, dans le pied, tiennent lieu de veines. En un mot, elles font voir que toutes les veines du corps communiquent librement avec la cavité viscérale, que, dans bien des parties de l'économie, de simples lacunes tiennent lieu de veines, et que ce sont aussi des lacunes microscopiques creusées dans la substance des tissus qui remplissent les fonctions des vaisseaux capillaires des animaux supérieurs, et qui font communiquer les dernières ramifications des artères avec les racines du système veineux. Je décrirai bientôt avec tous les détails nécessaires la disposition anatomique de cet appareil circulatoire semi-vasculaire, semi-interstitiaire ; dans ce moment, je ne pourrais le faire sans m'éloigner trop de l'objet principal de cet écrit, et je me hâte de revenir à la partie physiologique de la question.

Les expériences dont je viens de faire mention prouvent que les liquides contenus dans la cavité abdominale du Limaçon, et même les particules solides tenues en suspension dans ces liquides, pénètrent instantanément et sans la moindre difficulté dans les vaisseaux sanguins ; mais elles ne suffisent pas encore pour montrer que la cavité viscérale constitue, ainsi que je l'ai dit, une portion du cercle circulatoire parcouru par le fluide nourricier. Effectivement, on m'objecterait, peut-être, que le passage même très rapide d'un liquide de la cavité abdominale dans les veines pourrait résulter d'un phénomène d'absorption, et que rien ne montre encore la libre communication en sens contraire que je suppose exister.

Pour lever cette difficulté, j'ai eu recours à une expérience analogue par ses résultats à celles dont je viens de parler, mais exécutée d'une manière différente : au lieu d'injecter les canaux veineux par l'intermédiaire de la cavité abdominale, j'ai poussé directement dans un de ces canaux veineux le liquide tenant en suspension la poussière jaune, et j'ai vu ce mélange s'épancher de suite dans la cavité viscérale, puis arriver aux poumons comme d'ordinaire.

Enfin, comme dernière épreuve, j'ai soumis à l'examen microscopique le sang puisé directement dans le ventricule du cœur, ainsi que le liquide épanché dans la cavité abdominale d'un Colimaçon vivant, et je n'ai pu apercevoir aucune différence entre ces deux fluides; l'un et l'autre charriaient des globules en apparence identiques, et paraissaient avoir la même densité; j'en ai conclu que c'est du sang qui se trouve dans la cavité viscérale aussi bien que dans les cavités du cœur.

Ainsi chez le Limaçon le liquide nourricier, distribué dans toutes les parties de l'économie par les tubes rameux dont se compose le système artériel, revient soit par des veines, soit par des lacunes seulement, vers la cavité viscérale, s'épanche dans cette cavité, baigne le tube digestif, et pénètre ensuite dans d'autres canaux destinés à le mettre en contact avec l'air, et à le porter jusque dans le cœur aortique.

Il en est de même pour tous les Mollusques gastéropodes chez lesquels j'ai examiné, par des moyens analogues, la manière dont le sang circule; et si je cite de préférence le Limaçon, c'est seulement parce que cet animal est si commun dans nos campagnes et même sur nos marchés, que quiconque voudra répéter mes expériences pourra le faire sans retard. Ce n'est même pas sur ce Mollusque que j'ai d'abord constaté les faits dont je viens d'avoir l'honneur d'entretenir l'Académie; c'est sur le grand Triton de la Méditerranée que j'ai fait mes premières expériences, et je dépose sur le bureau une figure que j'ai dessinée à Milazzo, et qui montre non seulement une portion considérable du système veineux, rempli par du bleu de Prusse injecté dans la cavité abdominale, mais aussi *les grands orifices béants par lesquels ces vaisseaux débouchent dans cette même cavité.*

Pendant mon séjour sur les côtes de la Sicile, j'ai également étudié l'appareil circulatoire de l'Aplysie, Mollusque chez lequel la communication entre le système sanguin et la cavité abdominale avait été si bien constatée par Cuvier, mais avait été considérée par cet anatomiste célèbre comme une anomalie des plus singulières (1). Quelques doutes sur l'exactitude de ces observations avaient été émis par Meckel (2) et par Carus (3) ; mais M. Delle Chiaje (4), dont tous les zoologistes connaissent et apprécient les grands travaux, a montré que Cuvier ne s'était pas trompé, et il a fait voir que le sinus criblé décrit par celui-ci communique avec un système lacuneux sous-cutané. Cependant l'appareil vasculaire de l'Aplysie ne me semblait pas être suffisamment connu, car M. Delle Chiaje lui-même déclare que la circulation veineuse chez ce Mollusque est encore pour lui un phénomène inexplicable (5).

En injectant, sur des Aplysies vivantes, des liquides colorés dans diverses parties du cercle circulatoire, je me suis bientôt convaincu de l'entière exactitude des faits avancés par Cuvier; j'ai vu, comme M. Delle Chiaje l'avait vu avant moi, que ce n'est point par l'intermédiaire de vaisseaux que le sang arrive aux branchies; c'est une grande lacune semi-circulaire comprise entre les faisceaux musculaires, les brides celluleuses et les téguments du manteau qui remplit ici les fonctions d'une veine cave; et, par ses extrémités antérieures, cette lacune communique librement avec la cavité viscérale. Le sang veineux y arrive en partie par d'autres lacunes sous-cutanées, situées le long de ce canal dépourvu de parois propres; mais la plus grande partie du liquide nourricier y pénètre par les orifices terminaux dont je viens de parler, et provient par conséquent de la cavité abdominale. J'ai vu, de plus, que cette grande chambre viscérale n'est point tapissée par une membrane péritonéale continue, mais par une tunique celluleuse, criblée d'une multitude de trous irréguliers, ou plutôt par une couche membraniforme, composée de brides celluleuses, entrecroisées en divers sens, et placées sur plusieurs plans,

(1) « Sa structure, dit Cuvier en parlant de la veine cave ou artère branchiale, » est même peut-être le fait le plus extraordinaire que la physiologie des Mol- » lusques m'ait encore offert. » *Op. cit.*, p. 13.

(2) Meckel, *Anatomie comparée*, trad. de Schuster, t. IX, p. 171.

(3) *Anatomie comparée*, trad. de Jourdan, t. II, p. 309.

(4) *Memorie sugli animali senza vertebre del regno di Napoli*, t. I, p. 63 ; *Descrizione e notomia degli animali invertebrati della Sicilia citeriore*, t. II, p. 73

(5) « La circulazione venosa della Aplysie e stata finora un problema, ed encora per me d'impossibile soluzione. » *Descrizione e Notomia*, App. II, p. 71. Naples, 1841.

de façon à laisser entre elles des lacunes en communication les unes avec les autres. Ces trous irréguliers, dont les parois de la cavité abdominale sont percées, communiquent à leur tour avec un vaste système de lacunes formées par l'entre-croisement des rubans musculaires du pied et du manteau; enfin ces espaces intermusculaires se continuent sans interruption avec le réseau lacuneux sous-cutané, découvert par M. Delle Chiaje; et c'est ce vaste ensemble de lacunes qui tient lieu de veines, vaisseaux dont les Aplysies sont complétement dépourvues. En effet, le sang distribué aux organes par un système de tubes artériels très développé se répand dans toutes ces lacunes, et parvient de la sorte dans la cavité abdominale qui fait ici l'office d'un vaste réservoir, et transmet le liquide nourricier à l'appareil respiratoire, qui, à son tour, l'envoie au cœur, chargé de le chasser dans les artères.

Pour s'en convaincre, il suffit de pousser un liquide coloré dans le canal afférent de la branchie, car on voit de suite l'injection pénétrer dans toutes ces lacunes, soit directement, soit par l'intermédiaire de la cavité abdominale, et en injectant le liquide dans les espaces intermusculaires d'une partie quelconque du corps, on peut le faire avancer en sens inverse, et le faire parvenir jusque dans les vaisseaux de la branchie.

En variant de diverses manières ces expériences, faites toutes sur des animaux vivants, et en disséquant avec une grande attention les différentes parties de l'appareil circulatoire de l'Aplysie, j'ai vu toujours ce résultat se confirmer, et j'ai compris aussi pourquoi la circulation veineuse était restée, dans l'opinion de M. Delle Chiaje, une question insoluble. En effet, je me suis assuré que l'*appareil aquifère* décrit par ce savant, et considéré par lui et par quelques autres anatomistes comme un complément de l'organe respiratoire, n'est autre chose qu'une portion du vaste système lacunaire qui, dans le corps de l'Aplysie, tient lieu de veines (1). Il n'existe pas, ainsi que le soupçonne l'habile anatomiste de Naples, des orifices destinés à l'établissement d'une communi-

(1) On voit par le passage suivant que M. Van Beneden était arrivé également à ce résultat. « Après des recherches minutieuses sur les organes de la circulation dans les Aplysies (dit ce zoologiste), je crois avoir reconnu une véritable fusion avec le système aquifère de Delle Chiaje. » *Comptes-rendus des séances de l'Acad. des Sc.*, 1835, t. I, p. 230.)

cation directe entre ces lacunes ou la cavité abdominale et l'extérieur; et si de l'eau s'y introduit quelquefois en quantité considérable, c'est seulement par l'effet d'un phénomène d'endosmose. La turgescence qu'on observe souvent chez les Aplysies est une conséquence de l'absorption veineuse, et non pas de l'introduction directe de l'eau du dehors, à l'aide de canaux débouchant à la surface du corps. Les injections du système lacunaire, et même la simple insufflation de ces cavités veineuses, prouvent suffisamment qu'il n'y a pas d'orifices semblables; et, d'un autre côté, si l'on tient compte des expériences de notre savant collègue, M. Magendie, relatives aux lois de l'absorption veineuse chez les animaux supérieurs, on peut facilement se rendre compte de l'introduction rapide d'une quantité considérable d'eau dans l'intérieur du corps, par la seule force endosmotique, lorsque l'affaiblissement de l'irritabilité musculaire détermine une diminution correspondante dans la pression à laquelle les liquides de l'économie se trouvent d'ordinaire soumis. Or, c'est précisément dans des circonstances de nature à produire ce relâchement dans les parois des cavités sanguines que la turgescence du Mollusque se déclare. J'ajouterai aussi que j'ai observé des phénomènes tout-à-fait analogues chez les Limaçons, et ces Mollusques étant destinés à vivre toujours à l'air, il serait difficile de croire que la nature les aurait pourvus d'un appareil aquifère dont les fonctions ne pourraient commencer que dans le cas très rare où l'animal se noie.

Je n'hésite donc pas à dire que c'est une portion du système veineux interstitiaire de l'Aplysie qui a été décrite par M. Delle Chiaje comme étant un appareil aquifère comparable, jusqu'à un certain point, aux trachées aérifères des Insectes. En faisant des recherches analogues sur le grand Triton de la Méditerranée, j'ai acquis la conviction que ce sont aussi des canaux veineux que cet anatomiste a pris pour un système aquifère chez ce Mollusque (1); et si, comme je le pense, il en est de même pour les autres Gastéropodes, il n'y aurait plus de difficulté pour faire concorder les nombreuses et intéressantes observations de M. Delle Chiaje, sur

(1) Descrizione di un nuovo apparato di canali aquosi scoperto negli animali invertebrati marini delle Due-Sicilie. (*Memorie sulla storia e notomia degli animali senza vertebre del regno di Napoli*, t. II, p. 259.) — *Instituzioni di Anatomia e Fisiologia comparativa*, t. I, p. 279. (Naples, 1832.)

l'appareil circulatoire de ces animaux, avec les résultats que je viens de faire connaître. Effectivement, cet anatomiste a vu que, dans un nombre considérable de Mollusques gastéropodes, les veines sont remplacées, dans certaines parties du corps, par un réseau de simples lacunes, et viennent déboucher dans un grand réservoir qu'il considère comme un sinus veineux ; or, ce sinus n'est autre chose que la cavité abdominale elle-même ou un prolongement de cette cavité au milieu des faisceaux musculaires du manteau, et c'est également avec elle que communiquent les prétendues trachées aquifères.

Ainsi la circulation semi-vasculaire, semi-lacuneuse, que j'avais signalée chez les Tuniciers, et que je viens de constater chez le Colimaçon, le Triton, l'Haliotide, etc., est probablement commune à tous les Mollusques gastéropodes. Là, de même que chez les Crustacés, la portion veineuse de l'appareil vasculaire manquerait toujours plus ou moins complétement, et le sang épanché dans les interstices que les divers organes laissent entre eux se rassemblerait dans la cavité abdominale avant que de se rendre à l'appareil respiratoire.

Il en est encore de même dans la classe des Mollusques acéphales. Les expériences que j'ai faites sur le grand Jambonneau de la Méditerranée ou Pinne marine, sur la Mactre et sur l'Huître commune, le montrent suffisamment : seulement, dans ces animaux, les viscères ne flottant pas dans la chambre abdominale, mais s'entremêlant d'une manière intime aux muscles du pied et aux brides sous-cutanées de la portion correspondante des téguments communs, ce sont de petites lacunes qui tiennent lieu du grand réservoir veineux représenté par la cavité viscérale des Gastéropodes. Du reste, ces espaces interviscéraux communiquent librement avec les méats qui, dans le pied de la Mactre, résultent de l'entre-croisement des bandes charnues, et, en poussant une injection colorée dans ces lacunes intermusculaires, on peut faire passer le liquide coloré jusque dans les vaisseaux des branchies et dans les canaux veineux du manteau. Mais, dans le manteau, de même que dans le pied, il ne paraît pas y avoir de veines proprement dites, ou, en d'autres mots, des tubes à parois propres servant à porter le sang des tissus que ce liquide a nourris, vers le cœur ou vers l'organe spécial de la respiration. C'est un système de simples lacunes qui fait les fonctions du réseau formé par les vaisseaux capillaires chez les animaux supérieurs, et ces lacunes, presque microscopiques, débouchent dans d'autres méats qui, par leur disposition, ressemblent beaucoup à des veines proprement dites, mais sont dépourvus de parois indépendantes des parties voisines. Je reviendrai dans une autre occasion sur l'histoire anatomique et physiologique de ce système veineux lacunaire du manteau des Mollusques acéphales, et, en ce moment, j'ajouterai seulement que les liquides colorés y arrivent facilement lorsqu'on injecte l'animal par les artères aussi bien que par les interstices de la cavité abdominale.

Il est aussi à noter que M. Delle Chiaje a vu ce réseau lacuneux dans le Pecten, et en a donné une très belle figure; mais j'ignore s'il considère ces méats comme appartenant au système veineux ou à son système aquifère, car le texte explicatif de la planche relative à ce Mollusque n'a pas encore été publié (1).

Ainsi, chez les Acéphales lamellibranches, de même que chez les Acéphales sans coquilles ou Tuniciers, et chez les Gastéropodes, l'appareil vasculaire est incomplet, et une portion plus ou moins considérable du système veineux est représentée par de simples lacunes dans lesquelles le sang est épanché entre les organes.

(1) Voyez *Descrizione e notomia degli animali invertebrati della Sicilia citeriore*, t. III, tab. 78. (Au premier abord, on pourrait croire qu'il s'est glissé quelque erreur dans la citation que je viens de faire, car chacun des cinq volumes de ce nouvel ouvrage de M. Delle Chiaje porte sur le titre la date de 1841; mais cela paraît tenir à ce que l'auteur commence l'impression de son ouvrage par le titre, tandis qu'en France on a l'habitude de terminer par ce feuillet qui alors sert à constater le millésime de la publication. En effet, la santé de M. Delle Chiaje ne lui ayant pas permis de poursuivre l'impression de son livre avec toute son activité accoutumée, le troisième et le cinquième volume étaient inachevés lors de mon passage à Naples en juillet 1844, et le sont probablement encore à l'heure qu'il est. Le troisième volume s'arrête à la page 44 pour reprendre à la page 69, et s'interrompt de nouveau page 140; quant au cinquième volume, il s'arrêtait à la page 68. Il est aussi à noter que parmi les planches destinées à former l'atlas de cet ouvrage intéressant, il y en a plusieurs qui ne sont encore qu'esquissées, bien que les cuivres portent le millésime de 1841, ou quelque autre date plus ou moins reculée. Cette circonstance serait à noter, si dans la suite on s'occupait de l'historique des découvertes faites depuis vingt ans sur l'organisation des animaux sans vertèbres, découvertes dont un grand nombre appartient incontestablement à M. Delle Chiaje.)

Au premier abord, on pourrait croire que les Mollusques supérieurs dont se compose la classe des Céphalopodes font exception à cette règle, et possèdent un appareil vasculaire complet, c'est-à-dire un système circulatoire dont toutes les parties sont constituées par des tubes à parois propres.

En effet, Cuvier, dans son grand travail sur l'anatomie du Poulpe, a fait connaître un système vasculaire veineux, aussi bien qu'un système artériel, et ces veines sont bien des tubes à parois propres, comme le sont les veines des animaux supérieurs. Monro (1) et Hunter (2) ont décrit les veines du Calmar et de la Seiche, et M. Delle Chiaje a représenté ces vaisseaux avec beaucoup plus d'exactitude qu'on ne l'avait fait jusqu'alors; enfin, on connaît aussi les principales veines du Nautile, et, par conséquent, on peut, en généralisant ces faits particuliers, dire que, dans la classe des Céphalopodes, il existe toujours un système veineux vasculaire très développé. MM. Owen et Valenciennes ont, il est vrai, constaté l'existence d'un nombre considérable de grands orifices à l'aide desquels la cavité de la veine principale du Nautile communique librement avec la cavité péritonéale; mais on pourrait ne voir dans cette disposition que les derniers vestiges du mode d'organisation que j'ai trouvé chez tous les Mollusques inférieurs, et on pourrait penser que le cercle circulatoire des Céphalopodes est formé tout entier par des tubes, lors même que ces vaisseaux à parois membraneuses seraient perforés dans quelques points, de façon à ne pas emprisonner complétement le sang dans leur intérieur, du moins après la mort de l'animal; car quelques anatomistes ont supposé que, pendant la vie, ces pertuis ne sont pas béants.

Mais il n'en est pas ainsi; et je puis facilement prouver que, chez les Céphalopodes, de même que chez les autres Mollusques, la cavité viscérale sert d'intermédiaire entre diverses parties de l'appareil vasculaire, et constitue réellement une portion du cercle circulatoire parcouru par le sang.

En effet, le sinus veineux découvert récemment par M. Delle

(1) *The Structure and Physiology of Fishes explained and compared.* Edinburgh, 1785.

(2) Voyez *Descriptive and illustrated catalogue of the Hunterian museum*, published by M. R. Owen, vol. II.

Chiaje dans le Poulpe n'est autre chose, ainsi que je le démontrerai facilement, que la cavité viscérale de cet animal (1), et je me suis assuré de la manière la plus positive :

1° Que des injections, même très grossières, poussées dans la cavité où flottent l'estomac, le jabot, l'œsophage, l'artère aorte, les glandes salivaires et la masse charnue de la bouche, après avoir baigné la surface de tous ces organes, pénètrent dans les veines des autres parties du corps, traversent les cœurs pulmonaires et vont remplir les vaisseaux capillaires des branchies;

2° Que les veines profondes des bras, les veines des yeux et celles des parties charnues voisines débouchent dans cette cavité viscérale, soit directement, soit par l'intermédiaire d'une grande lacune ou sinus situé au fond de chaque orbite, et que le sang veineux, pour se rendre des veines dont il vient d'être question dans les cœurs pulmonaires, traverse toujours la cavité viscérale.

3° Que cette dernière cavité communique aussi directement avec la partie postérieure de la grande veine cave par deux vaisseaux d'un calibre considérable.

Dans un autre Mémoire, je présenterai une description détaillée de ces diverses parties de l'appareil circulatoire du Poulpe; aujourd'hui, je me bornerai à placer sous les yeux de l'Académie quelques dessins représentant le système veineux injecté par l'intermédiaire de la grande cavité viscérale, qui elle-même est distendue par le liquide coloré, dont les veines sont remplies.

Dans le Calmar commun, il existe aussi une portion du système circulatoire qui, au lieu d'être formée par des vaisseaux, se compose uniquement de lacunes et d'une cavité servant en même temps de chambre viscérale et de sinus veineux : seulement, cette

(1) Il ne faut pas confondre la cavité viscérale du Poulpe avec la chambre branchiale, ni avec les grandes poches membraneuses qui longent les troncs veineux dont les parois sont garnies des corps spongieux décrits par Cuvier. Ces poches, qui occupent presque toute la portion postérieure du corps, communiquent directement avec la chambre respiratoire par deux orifices, et reçoivent dans leur intérieur l'eau dont cette chambre est remplie; mais il n'y a aucune communication entre ces poches et la grande cavité viscérale qui s'étend depuis la bouche jusqu'en arrière de l'estomac. L'intestin n'est pas libre comme l'est l'œsophage ou l'estomac, et c'est l'adhérence de sa surface avec la paroi interne de la tunique viscérale commune qui empêche le sang veineux de le baigner, comme cela a lieu chez les Gastéropodes.

cavité est beaucoup moins vaste que chez le Poulpe, et ne dépasse guère la partie céphalique du corps. Cette modification s'explique, du reste, très facilement, car ici l'estomac et l'œsophage, au lieu d'être suspendus dans une cavité abdominale, comme chez le Poulpe, adhèrent intimement à la tunique viscérale commune, de façon que la cavité elle-même est oblitérée dans toute sa portion postérieure, et ne persiste que là où elle loge l'extrémité antérieure de l'œsophage et la masse buccale, et là, elle remplit, comme d'ordinaire, les fonctions d'un sinus veineux : aussi suffit-il d'injecter un liquide coloré dans la cavité viscérale, réduite ainsi à sa portion céphalique, pour remplir aussitôt les veines de toutes les parties du corps. La préparation déposée sur le bureau a été faite de la sorte; l'injection bleue poussée dans la cavité contenant la portion antérieure du canal digestif a passé de la grande veine cave dans les veines du manteau, des viscères et des bras, a rempli les cœurs pulmonaires, et est arrivée jusque dans les branchies.

Les faits dont je viens d'entretenir l'Académie me semblent être assez nombreux et assez variés pour autoriser les conclusions que j'ai rappelées au commencement de ce Mémoire.

Le Poulpe et le Calmar, parmi les Céphalopodes; le Colimaçon, le Triton, l'Haliotide et l'Aplysie dans la classe des Gastéropodes; la Mactre, la Pinne et l'Huître, dans la grande division des Acéphales; enfin les Biphores et les Ascidies sociales et composées, dans le groupe des Tuniciers, m'ont offert, *tous*, un appareil circulatoire plus ou moins incomplet, dans lequel les veines manquent en totalité ou en partie, et sont remplacées, là où elles manquent, par la cavité viscérale elle-même, et par d'autres espaces libres que les organes intérieurs ou les matériaux constitutifs des tissus laissent entre eux. D'un autre côté, il n'est aucun Mollusque qui m'ait offert un système clos de vaisseaux sanguins, et les observations recueillies avant que l'attention des zoologistes fût éveillée sur ce point, ne fournissent aucun argument solide en faveur de l'existence d'un appareil vasculaire complet dans une espèce quelconque appartenant à ce grand embranchement du règne animal. La disposition du système circulatoire que j'ai rencontrée partout où j'ai eu l'occasion de l'étudier, ne peut donc être, à mes yeux, un mode d'organisation exceptionnel chez les Mollusques, et il me semble, au contraire, légitime de conclure que, chez tous les animaux conformés d'après le même plan général que le Poulpe, le Calmar, le Limaçon, le Triton, l'Aplysie, l'Haliotide, l'Huître, la Mactre, la Pinne, les Biphores et les Ascidies, cette fonction doit offrir d'une manière plus ou moins marquée le même caractère. Nous voyons, il est vrai, le système de cavités destinées à contenir et à distribuer le fluide nourricier se perfectionner progressivement et se revêtir de parois tubulaires dans une portion de plus en plus considérable du cercle circulatoire, à mesure que l'on s'élève des Molluscoïdes les plus inférieurs jusqu'aux Céphalopodes. En effet, chez les Bryozoaires, qui sont les représentants les plus dégradés du type des Malacozoaires, il n'existe aucune trace ni de cœur, ni d'artères, ni de veines, et, ainsi que je m'en suis assuré maintes fois, le liquide qui tient lieu de sang est contenu dans la grande cavité viscérale au milieu de laquelle flottent les organes de la digestion. Chez les Molluscoïdes tuniciers, il existe déjà un cœur et un système de tubes sanguifères dans la portion branchiale de l'économie; mais il n'y a ni artères ni veines dans la portion viscérale ou abdominale du corps. Chez l'Huître, la Mactre et l'Aplysie, le système artériel se complète, mais il ne paraît y avoir nulle part, si ce n'est dans les branchies, un lacis de véritables vaisseaux pour remplir les fonctions du réseau capillaire, et il n'y a pas encore de veines pour ramener le sang des divers organes vers l'appareil de la respiration. Chez le Triton et le Colimaçon, nous avons reconnu un degré de plus dans le perfectionnement du système circulatoire, car les veines commencent à se constituer sous la forme de tubes membraneux dans certaines parties de l'économie, bien qu'elles manquent encore, et sont remplacées par de simples lacunes dans le système musculaire et dans l'espace compris entre les principaux viscères et l'organe respiratoire. Chez le Poulpe, la portion vasculaire du système veineux se développe davantage; enfin, chez le Calmar, il n'y a de grandes lacunes faisant office de veines qu'autour de la portion antérieure du tube digestif, et, dans tout le reste du cercle circulatoire, le sang est renfermé dans des tubes dont les parois sont indépendantes des organes voisins.

D'après cette progression, on concevrait facilement la possibilité d'un degré de plus dans le développement vasculaire, perfectionnement qui amènerait d'une manière complète la transformation de toutes les lacunes sanguifères en tubes fermés, et qui rendrait, sous ce rapport, le système circulatoire d'un Mollusque semblable à l'appareil vasculaire des animaux vertébrés. Mais il y a tout lieu de croire que cela n'a jamais lieu, car le Poulpe et le Calmar sont les représentants les plus élevés du type propre à l'embranchement des Malacozoaires, et puisque, chez ces Mollusques, les plus parfaits de tous, la cavité viscérale tient encore lieu d'une portion du système veineux, il n'est pas probable qu'un appareil vasculaire complet se rencontrera ailleurs. Du reste, lors même qu'il en serait ainsi, cela ne changerait que peu la portée des faits dont il vient d'être question, car le mode de circulation semi-lacuneuse sur lequel j'ai appelé l'attention de l'Académie n'en demeurerait pas moins un des caractères dominants dans le type malacologique.

Il serait inutile, ce me semble, d'insister ici sur l'influence qu'une pareille organisation doit exercer sur le mécanisme de quelques autres fonctions, telles que l'absorption, soit générale, soit chyleuse, et les mouvements érectiles; car il suffit de savoir que le sang baigne directement la surface externe d'une portion plus ou moins considérable du canal digestif, pour comprendre aussitôt comment les matières alimentaires liquéfiées par l'action des sucs gastriques ou intestinaux peuvent se mêler rapidement au fluide nourricier, sans qu'il y ait ni veines ni vaisseaux chylifères pour les y conduire. Il suffit aussi d'un instant de réflexion sur le rôle qu'un liquide répandu dans un vaste système de lacunes extensibles et contractiles peut jouer dans le mécanisme des mouvements de l'animal, pour voir également que cette disposition anatomique doit être la cause des phénomènes d'érection que nous offrent souvent le pied des Acéphales ou les tentacules des Gastéropodes. Je ne m'arrêterai donc pas sur ces considérations; mais il serait bon, peut-être, d'examiner jusqu'à quel point les faits fournis par l'étude de la circulation chez les Mollusques peuvent venir en aide à la physiologie des animaux supérieurs, relativement à la question de la nature intime et du mode de formation des vaisseaux sanguins en général. Aujourd'hui, je ne pourrais aborder une discussion de ce genre sans abuser de l'attention que l'Académie a bien voulu me prêter, mais j'y reviendrai lorsque j'aurai fait connaître mes nouvelles recherches sur la circulation chez les Crustacés.

Quant à la description anatomique de l'appareil de la circulation chez les divers Mollusques qui font l'objet de ce Mémoire, je me propose également d'en traiter prochainement avec tous les détails que ce sujet comporte. Mais avant que d'aborder ces questions particulières, je crois devoir présenter ici une seconde série d'expériences physiologiques faites à l'occasion des recherches précédentes, par mon savant collègue, M. Valenciennes, et par moi, peu de temps après la publication des résultats dont il a été question ci-dessus ; car ce travail est un complément nécessaire de ce que l'on vient de lire, et ne pourrait sans inconvénient en être séparé.

NOUVELLES OBSERVATIONS

SUR LA CONSTITUTION DE L'APPAREIL CIRCULATOIRE CHEZ LES MOLLUSQUES ;

Par MM. MILNE EDWARDS et VALENCIENNES.

(Lues à l'Académie des Sciences, le 17 mars 1845.)

Jusqu'en ces derniers temps, les zoologistes pensaient que la circulation du sang s'opère, chez les Mollusques, dans un système vasculaire *complet*, le liquide nourricier, après avoir été distribué dans toutes les parties de l'économie à l'aide des artères, revenant à l'organe respiratoire, puis au cœur, par l'intermédiaire de *tubes à parois membraneuses*, semblables aux veines des animaux vertébrés. Mais l'Académie se rappelle peut-être que des observations publiées récemment par l'un de nous (1) tendent à établir

(1) Voyez le Rapport de M. Milne Edwards, inséré dans le *Moniteur* du 17 novembre 1844, et ci-dessus, p. 1.

que cette opinion est erronée, et que, chez les Mollusques, ainsi que chez les Crustacés, une portion considérable du cercle circulatoire est constituée uniquement par les lacunes ou espaces de formes irrégulières que les divers organes laissent entre eux. Il a été constaté, en effet, que, chez un certain nombre de Mollusques appartenant à la classe des Céphalopodes et à celle des Gastéropodes, ainsi que chez divers Acéphales et Tuniciers, les canaux qui remplissent les fonctions de veines débouchent en totalité ou en partie dans la grande cavité abdominale, de sorte que, chez ces animaux, le sang baigne directement les principaux viscères, et qu'en injectant dans l'abdomen un liquide quelconque, on injecte aussitôt le reste du système veineux. Mais on pouvait douter encore de la généralité de cet état imparfait de l'appareil de la circulation dans le vaste embranchement des Mollusques ; et pour établir solidement ce résultat, il fallait étudier la marche du sang dans un plus grand nombre de types variés.

Désirant, l'un et l'autre, former notre opinion à ce sujet, nous nous sommes réunis pour exécuter en commun une série d'expériences et de dissections. Nos recherches ont porté d'abord sur des Mollusques que nos correspondants nous envoyaient à l'état vivant de divers points du littoral ; mais bientôt nous avons pu étendre davantage le champ de nos investigations, car nous nous sommes assurés que ces animaux se laissent parfaitement bien injecter après qu'ils ont séjourné pendant fort longtemps dans des liquides conservateurs convenablement préparés, et l'un de nous (1), chargé de l'enseignement de la malacologie au Muséum, s'étant appliqué depuis plusieurs années à former une collection des animaux, dont on se contentait jadis d'étudier la coquille seulement, et étant arrivé ainsi à des résultats très considérables, il nous a été facile de varier beaucoup nos observations, et de les multiplier autant que cela nous a paru nécessaire.

Les préparations que nous avons faites ainsi sont au nombre de plus de cinquante, et nous avons l'honneur de placer une vingtaine de ces pièces sous les yeux de l'Académie. La plupart d'entre

(1) M. Valenciennes.

elles sont d'un assez grand volume pour être faciles à examiner sans le secours de la loupe, et les résultats qu'elles fournissent sont tellement nets et palpables, qu'il nous semble inutile d'entrer dans beaucoup de détails relativement aux conclusions qu'il faudra en tirer.

Sur le Poulpe et le Calmar, nous avons constaté de nouveau les faits déjà signalés par l'un de nous, et, pour injecter le premier de ces Mollusques, nous nous sommes servis tantôt de gélatine, tantôt du mélange de suif et de cire que l'on emploie à des usages analogues, dans les amphithéâtres d'anatomie humaine, pour l'injection des plus gros vaisseaux ; en poussant ces substances dans la cavité péritonéale, nous les avons vues passer directement dans les veines et arriver aux cœurs pulmonaires.

En opérant de la même manière sur d'autres Céphalopodes appartenant aux genres Élédon, Argonaute, Seiche et Sépiode, nous avons obtenu le même résultat. Dans ces expériences, l'injection a toujours été faite par l'extrémité antérieure de la grande cavité viscérale, c'est-à-dire dans l'espace compris entre la masse charnue de la bouche et la base des tentacules; le liquide coloré a rempli aussitôt le reste de la chambre viscérale et a pénétré dans les divers canaux veineux qui sont en communication directe avec cette cavité ; de ces canaux l'injection est arrivée dans les cœurs pulmonaires, et, dans la plupart des cas, est parvenue jusque dans les branchies. Les préparations déposées sur le bureau ont été faites de la sorte, et, sur quelques unes d'elles, nous avons mis à nu les grands canaux par lesquels la cavité viscérale ou péritonéale, comme on voudra l'appeler, se continue directement avec les grosses veines destinées à porter le sang aux deux cœurs pulmonaires. Ces communications sont surtout faciles à voir dans nos préparations de l'Argonaute et de l'Élédon.

Ainsi, ce n'est plus dans deux genres de Céphalopodes seulement que l'appareil de la circulation présente ce caractère remarquable de dégradation ; à cet égard, les Seiches, les Sépiodes, les Élédons et les Argonautes ne diffèrent pas des Poulpes et des Calmars, et, en rapprochant ces faits nouveaux des résultats obtenus plus anciennement par M. Owen et par l'un de nous en étudiant l'anatomie du Nautile, on peut dire aujourd'hui, sans réserves aucunes, que, dans la classe la plus élevée de l'embranchement des Mollusques, le sang ne se meut pas dans un système de vaisseaux fermés; que, chez les Céphalopodes, la portion veineuse du cercle circulatoire est toujours incomplète, et que, chez tous ces animaux, le fluide nourricier épanché dans la cavité viscérale baigne directement une portion plus ou moins considérable de la surface péritonéale du canal digestif.

Dans la classe des Gastéropodes, nous avons pu multiplier davantage nos recherches. Après avoir répété sur les Colimaçons et les Aplysies les expériences déjà faites par l'un de nous (1), et en avoir obtenu des résultats analogues à ceux que nous ont fournis les Céphalopodes, nous avons injecté de la même manière le Buccin ondé (*Buccinum undatum*, Lam.), dont nous avions reçu un grand nombre d'individus vivants, grâce à l'obligeance de M. Bouchard-Chatereaux, médecin à Boulogne-sur-Mer; le liquide coloré, introduit dans la cavité abdominale de ce Mollusque, s'est répandu aussitôt dans le système lacunaire du pied et des organes extérieurs de la génération, a pénétré dans les veines du manteau, et a rempli un système de vaisseaux qui prend naissance dans l'organe urinaire, mais qui reçoit la plus grande partie du sang venant du foie, des ovaires ou du testicule et des téguments du tortillon, et qui, ainsi que l'un de nous (2) l'avait déjà constaté chez le grand Triton de la Méditerranée (*Triton nodiferum*, Lam.), constitue un appareil analogue au système de la veine porte rénale chez les Reptiles et les Poissons. Chez le Buccin, de même que chez le Triton, il est facile de s'assurer que le passage du liquide nourricier de l'intérieur des vaisseaux sanguins dans la grande cavité viscérale, et de cette cavité dans les canaux afférents aux organes de la respiration, n'est pas un phénomène d'exhalation et d'absorption; ce n'est point par les capillaires que la communication s'établit entre le système veineux et cette cavité, mais par des canaux qui ont souvent un diamètre de 1 ou 2 millimètres et qui s'abouchent directement avec elle.

(1) Voyez ci-dessus.

(2) M. Milne Edwards

Les préparations déposées sur le bureau montrent ces communications directes, et font voir aussi combien est développé, dans certaines parties du corps, dans la glande urinaire, par exemple, le système veineux dont les principaux troncs s'ouvrent directement dans la cavité abdominale.

Dans les genres Dolabelle et Notarche, nous avons trouvé l'appareil circulatoire tout aussi incomplet que chez les Aplysies. Les veines paraissent manquer entièrement, et les fonctions de ces vaisseaux sont remplies par un vaste système de lacunes répandues dans toutes les parties du corps, et en communication avec la cavité viscérale qui, à son tour, communique directement avec les canaux par lesquels le sang arrive dans les organes de la respiration. Dans une de nos préparations de l'appareil circulatoire chez les Dolabelles, le grand conduit afférent à la branchie a été ouvert ainsi que l'abdomen, et cette pièce fait voir combien est large l'orifice par lequel ce conduit prend naissance dans la cavité viscérale. En disséquant ces parties, nous avons eu soin d'examiner s'il n'existerait pas quelques valvules destinées à clore momentanément les ouvertures par lesquelles la cavité de l'abdomen communique avec le canal veineux de la branchie, et il nous a été facile de voir qu'aucune disposition de ce genre n'existe, de sorte que le passage est toujours ouvert.

La communication libre entre les vaisseaux branchiaux et la cavité destinée à loger les viscères, ainsi que la continuité de cette dernière cavité avec le système lacunaire du pied, des lèvres, du manteau, etc., sont également démontrées par les injections que nous avons faites sur un grand nombre de Mollusques gastéropodes appartenant aux genres Pleurobranche, Doris, Polycère, Tritonie, Scyllée, Oscabrion, Oscabrine (1), et en injectant également dans la cavité abdominale des Patelles, des Ombrelles, des Ampullaires, des Turbos, nous avons vu le liquide coloré pénétrer immédiatement dans d'autres parties du système veineux. Nous ajouterons aussi que, dans l'Onchidie, l'injection passe également de la cavité viscérale dans le lacis vasculaire du poumon.

(1) Genre nouveau, voisin des Oscabrions et des Oscabrelles de Lamarck, établi dans la collection du Muséum.

Quant aux Éolides et aux genres voisins de ces Nudibranches, nous nous abstenons d'en parler pour le moment, car il existe, comme on le sait, des divergences d'opinions relativement à la manière dont la circulation s'effectue chez ces animaux. M. de Quatrefages avait annoncé que les Éolidiens sont dépourvus de veines, et que le sang, pour revenir des diverses parties du corps vers le cœur, traverse des lacunes et la cavité abdominale elle-même ; M. Souleyet, au contraire, assure que, chez ces Gastéropodes, l'appareil de la circulation est complet, et qu'il est même facile d'isoler les veines qui se portent des organes intérieurs vers les branchies. Une commission, dont nous faisons partie, aura à se prononcer sur cette question, et, ne voulant pas nous séparer de nos collègues dans l'appréciation des faits dont l'Académie nous a renvoyé l'examen, on comprendra les motifs de notre réserve actuelle.

Laissant donc de côté tout ce qui est relatif aux Éolides, nous ne tirerons ici de nos propres recherches aucune conclusion absolue relativement à la disposition générale de l'appareil circulatoire dans la classe des Gastéropodes, et nous nous bornerons à dire que, si l'on peut juger de l'organisation de ce groupe naturel d'après la structure anatomique de vingt genres différents pris au hasard dans les divers ordres des Pulmonés, des Nudibranches, des Tectibranches, des Pectinibranches, des Scutibranches et des Cyclobranches, il faudra admettre que, chez les Gastéropodes, de même que chez les Céphalopodes, l'appareil vasculaire est incomplet, les veines manquent plus ou moins entièrement, et les canaux ou les lacunes destinés à porter le sang des diverses parties du corps vers les organes de la respiration communiquent librement, en totalité ou en partie, avec la grande cavité au milieu de laquelle flottent le tube digestif et les principaux ganglions du système nerveux.

Les préparations que nous avons l'honneur de placer sous les yeux de l'Académie montrent ces communications entre la cavité abdominale et le système sanguin dans les genres Onchidie, Doris, Polycère, Tritonie, Scyllée, Aplysie, Dolabelle, Notarche, Ampullaire, Buccin, Patelle, Oscabrion et Oscabrine.

D'après cette masse de faits, il nous a paru inutile de chercher aujourd'hui, dans la classe des Acéphales à coquilles, de nombreux exemples de cette dégradation de l'appareil circulatoire que l'un de nous avait déjà constaté chez la Pinne marine, la Mactre et l'Huître, ni de multiplier davantage les observations faites précédemment sur la circulation semi-vasculaire et semi-cavitaire chez les Acéphales sans coquilles ou Tuniciers. Nous ajouterons, cependant, que tous les Acéphales dont nous avons examiné le système veineux nous ont offert ce mode d'organisation, et nous citerons comme exemples nouveaux les Bucardes, les Vénus et les Solens.

Mais il est, dans l'embranchement des Mollusques, une quatrième classe, celle des Ptéropodes, qui, jusqu'ici, n'avait pas été étudiée sous ce point de vue, et, pour compléter la série de nos observations, il devenait intéressant de soumettre quelques uns de ces animaux à des expériences analogues à celles dont nous venons d'entretenir l'Académie. Le défaut d'animaux suffisamment frais, ainsi que la petitesse de la plupart des Ptéropodes, ont été d'abord de grands obstacles; mais nous sommes parvenus à injecter deux Pneumodermes, et chez ces deux animaux, nous avons vu le liquide coloré passer de la cavité viscérale dans les vaisseaux des branchies qui sont réunis en étoile à l'extrémité postérieure du corps.

Ainsi, quelle que soit la classe et quel que soit le genre ou l'espèce sur laquelle nous avons étudié le mode de circulation dans le grand embranchement des Mollusques, toujours le résultat a été le même. Partout nous avons trouvé l'appareil vasculaire plus ou moins incomplet; partout nous avons vu une portion plus ou moins considérable du système veineux, constituée par des lacunes seulement, et partout aussi nous avons constaté l'existence de communications libres et directes entre ce système et la grande cavité viscérale. Aujourd'hui que ce résultat est bien établi, on retrouvera peut-être dans les archives de la science beaucoup d'observations qui auraient pu mettre les zoologistes sur la voie de la vérité; mais la signification de ces faits n'avait pas été saisie, et, pour en donner des preuves, il suffit de rappeler la manière nette et positive dont les naturalistes les plus éminents se sont prononcés sur ce point. Cuvier, par exemple, dont l'autorité est, aux yeux de chacun de nous, la plus grande que l'on puisse citer lorsqu'il s'agit d'anatomie comparée; Cuvier, qui avait découvert la disposition si remarquable des canaux afférents à la branchie dans l'Aplysie, disait formellement que « la classe en- » tière des Mollusques jouit d'une circulation aussi complète qu'au- » cun animal vertébré (1). » Il supposait que les orifices, dont il avait constaté l'existence dans les gros canaux veineux des Aplysies, étaient des bouches seulement absorbantes, et cette opinion a été partagée par les auteurs qui, plus récemment, ont écrit sur le même sujet (2). C'est aussi par des phénomènes d'exhalation ou de perspiration et d'absorption ordinaire qu'on a cherché à expliquer la présence du sang dans la cavité abdominale de la Limace et le passage du liquide de cette grande lacune dans les vaisseaux du poumon. Mais nos préparations prouvent que la circulation, chez les Mollusques, ne se fait pas de la sorte. Ce n'est point par les radicules ou dernières divisions capillaires des veines que la cavité abdominale communique avec le reste du cercle circulatoire, ainsi que le pensait un zoologiste dont les observations ont été communiquées dernièrement à l'Académie (1). Ce sont,

(1) *Leçons d'anatomie comparée*, première édition, t. IV, p. 406, et seconde édition, t. VI, p. 386.

(2) « Nous rappellerons encore ici ces parties centrales de l'arbre dépurateur » qui, dans l'Aplysie, sont percées d'ouvertures très sensibles dans la portion » qui traverse la cavité viscérale, ouvertures qui permettent l'*absorption* par le » tronc ou la souche de l'arbre nutritif. Cependant on peut dire que, dans ce type, » le système vasculaire sanguin est complet, que les deux arbres nutritif et dé- » purateur sont liés par un réseau capillaire, et que *le fluide ne s'épanche point* » *dans les lacunes;* il reste enfermé et circule dans l'ensemble de ses réservoirs, » qui *forment encore ici un système de vaisseaux clos.* » (Duvernoy, *Additions aux Leçons d'anatomie comparée*, par Cuvier, t. VI, p. 538. Paris, 1839.)

(1) « La physiologie des Limaces rouges offre une particularité physiologique » extrêmement curieuse, et que je ne sache pas que l'on ait encore signalée. Le » sang, après avoir franchi les capillaires qui terminent les artères, est, au moins

au contraire, les troncs veineux ou les grosses lacunes servant aux mêmes usages, qui débouchent directement dans la cavité viscérale. Ainsi, dans le Buccin ondé, animal dont le corps tout entier n'est guère plus gros qu'un œuf de poule, on voit des canaux veineux, dont le diamètre est de plus de 1 millimètre, se terminer brusquement par un orifice béant dès qu'ils arrivent dans cette cavité; et, chez le Poulpe, l'Argonaute et les autres Mollusques les plus élevés en organisation, on voit que les communications entre la cavité péritonéale et les grandes veines chargées de porter le sang aux cœurs pulmonaires, sont établies au moyen de canaux dont les dimensions ont souvent jusqu'à 1 centimètre de diamètre. Il est, du reste, toujours facile de se convaincre que le passage du sang de la cavité viscérale dans le système vasculaire n'est pas un phénomène de filtration analogue à l'absorption par imbibition chez les animaux vertébrés, car ce ne sont pas seulement les fluides qui pénètrent ainsi dans les vaisseaux; le suif, tenant en suspension des poudres grossières, passe avec la même facilité, et dans plusieurs expériences, c'est avec du plâtre gâché que ces injections ont été faites.

Ainsi tout concourt à montrer l'existence d'une circulation semi-vasculaire, semi-lacunaire chez les Mollusques, aussi bien que chez les Crustacés et les Arachnides, et si l'on voulait exprimer par une formule générale tous les faits de cet ordre déjà constatés, on pourrait dire que, chez tous les animaux à sang blanc, les liquides nourriciers ne sont pas renfermés dans un appareil vasculaire clos, mais circulent plus ou moins rapidement dans un système de cavités constitué en totalité ou en partie par les lacunes que les divers organes laissent entre eux.

» en grande partie, perspiré par eux, et s'épanche dans la cavité viscérale; puis » ensuite ce fluide se trouve *absorbé par les extrémités des veines*, et il rentre de » nouveau dans le système vasculaire. » (Pouchet, *Recherches sur les Mollusques*, p. 13. Rouen, 1842.)

TROISIÈME ARTICLE.

De l'appareil circulatoire du Poulpe.

Ayant exposé dans l'article précédent les caractères généraux de l'appareil circulatoire des Mollusques, je demanderai la permission d'appeler aujourd'hui l'attention de l'Académie sur quelques détails anatomiques, dont la connaissance me semble nécessaire pour arriver à des idées nettes sur le mode de distribution des fluides nourriciers chez ces animaux. Je me propose de traiter successivement les principaux types, dont l'étude forme le sujet de ma première communication ; et, dans cette note, je m'occuperai de la constitution de l'appareil de la circulation dans le Poulpe commun.

L'anatomie de ce Mollusque a été étudiée par plusieurs naturalistes ; mais c'est presque entièrement aux recherches de Cuvier (1) et de M. Delle Chiaje (2) que nous devons les connaissances, déjà très étendues, que l'on possède sur son système vasculaire.

Les branchies, comme on le sait, donnent naissance chacune à un gros vaisseau efférent, que l'on désigne d'ordinaire sous le nom de *veine branchiale*, mais que je préfère appeler le *tronc branchio-cardiaque*. Ce canal (Pl. 11, *t*) longe le bord libre ou interne de l'organe respiratoire, et reçoit, pendant ce trajet, deux séries de vaisseaux provenant des dix paires d'arcs branchiaux correspondants. Puis il plonge dans l'abdomen et va gagner le

(1) *Mém. pour servir à l'histoire de l'anatomie des Mollusques.*

(2) *Instituzioni di anatomia e fisiologia comparativa*, parte prima. — *Animali senza vertebre del regno di Napoli*, t. I.

cœur, après avoir présenté un renflement considérable (*u*), qui me paraît devoir être comparé aux oreillettes des Mollusques gastéropodes et acéphales. En effet, cette portion élargie des vaisseaux afférents au cœur doit nécessairement servir comme réservoir pour alimenter la pompe ventriculaire, et ses parois, quoique minces, me paraissent renfermer des fibres musculaires. Il en résulte que les deux renflements vasculaires situés entre les branchies et le ventricule aortique offrent tous les caractères d'oreillettes d'une structure imparfaite, et semblent devoir être considérés comme les représentants de ces organes. Sous ce rapport, la structure du Poulpe ne serait donc pas inférieure à celle des Mollusques ordinaires.

Le ventricule artériel (Pl. 11, *p*) communique avec les deux réservoirs auriculaires par des orifices garnis de valvules, dont la disposition a été très bien indiquée par Cuvier, et rappelle celle des valvules sigmoïdes du cœur de l'homme : seulement, il n'en existe ici que deux pour chaque ouverture auriculo-ventriculaire, et le bord libre de ces replis membraneux est dirigé vers l'intérieur du ventricule, de façon à s'appliquer contre son congénère pendant le mouvement de systole, et à empêcher plus ou moins complétement le retour du sang vers les branchies. Le ventricule lui-même ne présente à l'extérieur rien de remarquable ; mais sa cavité est incomplétement divisée en deux loges par un grand repli membraneux qui naît de sa paroi dorsale et antérieure. Chacune de ces loges correspond à l'un des troncs branchio-cardiaques, et donne naissance à une portion du système artériel ; l'aorte ascendante ou céphalique (Pl. 11, *q*) a son origine vers la partie supérieure de la loge droite (l'animal étant supposé couché sur la face ventrale du corps), tandis que l'aorte abdominale (14) et l'artère ovarienne (18) ont leur origine dans la loge gauche. La communication est assez facile entre ces deux moitiés du cœur pendant la diastole ; mais lorsque cet organe se contracte fortement, il ne doit plus en être de même, et alors le sang qui vient de la branchie droite doit pénétrer presque en totalité dans l'aorte céphalique, tandis que le sang arrivant de la branchie gauche doit être poussé en majeure partie dans les vaisseaux propres à la portion postérieure et ventrale de la masse viscérale. Il est aussi à noter que le cœur du Poulpe n'offre rien de symétrique, et ressemble beaucoup à un cœur de Mollusque acéphale qui serait reployé obliquement sur lui-même, de façon que l'aorte postérieure de l'acéphale se dirigeât en avant, comme l'aorte céphalique, et que l'angle rentrant résultant de cette courbure correspondît à la cloison incomplète dont il a été question ci-dessus.

Au premier abord, le système artériel de ce Céphalopode semble différer beaucoup de celui des Mollusques gastéropodes et acéphales; mais si l'on admet que, chez ces divers animaux, les grands troncs vasculaires sont tantôt étendus en ligne droite, en arrière comme en avant du ventricule, tandis que, d'autres fois, ils sont plus ou moins complétement recourbés l'un vers l'autre, ou même confondus à leur base, on se rend assez facilement compte de la plupart de ces modifications, et on reconnaît partout le même plan fondamental.

L'extrémité céphalique du cœur, comme nous l'avons déjà dit, donne naissance à une grosse artère, que les anatomistes désignent d'ordinaire sous le nom d'*aorte*. Ce vaisseau (Pl. 11, *q*) passe au-dessus de l'oreillette droite, contourne la masse viscérale, et pénètre dans le sac péritonéal, au niveau de la partie supérieure du gésier; puis, devenu libre dans la cavité viscérale (Pl. 15), il remonte vers la tête en longeant, du côté droit, la panse et l'œsophage jusque dans le voisinage du bulbe pharyngien, où il se bifurque. La première branche qui naît de ce grand tronc artériel s'en sépare à peu de distance du cœur, et se divise presque aussitôt en deux branches secondaires (Pl. 11, 2, 2), dont l'une se recourbe au-dessus de l'autre et gagne le manteau, du côté droit, tandis que l'autre suit, dans l'épaisseur du péritoine, le sillon correspondant au bord dorsal et inférieur du gésier, pour aller gagner le côté gauche du manteau (Pl. 14). En arrivant sur la partie latérale de l'abdomen, ces *artères palléales* donnent un rameau qui se porte en avant dans l'épaisseur de la cloison charnue placée entre la masse viscérale et la cavité branchiale, et qui, après avoir fourni des ramuscules au pilier postérieur et aux parties voisines, va se terminer à la base de l'entonnoir. Immédiatement après avoir donné naissance à cette branche ascendante, l'artère palléale traverse la base du muscle palléal postérieur, ou pilier charnu, étendue entre l'abdomen et la voûte de la cavité respiratoire, près de l'insertion des branchies; elle passe ainsi de l'abdomen sur la face interne du manteau, sur laquelle on la voit remonter vers la base du pilier antérieur, et se ramifier dans le tissu charnu du grand sac palléal.

En pénétrant dans la cavité péritonéale, l'aorte antérieure donne naissance à une seconde branche assez considérable (Pl. 11, $_3$), qui se bifurque presque aussitôt pour constituer l'artère hépatique et l'artère gastrique: la première ($_4$) plonge directement dans la substance du foie et s'y ramifie; la seconde envoie des rameaux ascendants qui alimentent le tiers inférieur du jabot, puis se divise en deux rameaux principaux, qui embrassent le pylore, et qui se répandent sur le gésier et sur l'estomac spiral.

Vers le tiers supérieur du jabot, l'aorte ascendante fournit trois petites *artères œsophagiennes* ($_5$), qui se distribuent à la portion voisine du tube digestif.

Les *artères salivaires postérieures* naissent dans la portion céphalique de la cavité viscérale, et suivent une marche rétrograde pour se rendre aux glandes salivaires de la seconde paire (h); celle de droite ($_6$) naît directement de l'aorte, mais celle du côté gauche ($_7$) est confondue à sa base avec l'*artère pharyngienne* correspondante.

Les deux artères que je désigne sous cette dernière dénomination ne se séparent pas de l'aorte au même niveau : celle de gauche ($_8$) naît un peu plus en avant que sa congénère; mais, du reste, leur mode de distribution est à peu près le même; elles fournissent d'abord une branche récurrente assez grosse ($_9$), qui, après avoir donné naissance aux artères *palpébrales* ($_{10}$) et *auriculaires* ($_{11}$), vont se ramifier dans les parties latérales et inférieures de l'entonnoir. Les artères pharyngiennes côtoient ensuite l'œsophage jusqu'au bulbe pharyngien (f), et se terminent dans cette masse charnue et dans les glandes salivaires antérieures (g). Ainsi, quoique ces dernières glandes soient très éloignées des glandes salivaires postérieures, elles reçoivent leur sang par le même tronc artériel ou par des vaisseaux qui naissent de l'aorte, très près l'un de l'autre. Après avoir fourni les artères pharyngiennes, le tronc aortique donne naissance à une paire d'artères très grêles et très longues ($_{12}$), qui se dirigent en arrière et vont se distribuer à la partie supérieure de l'entonnoir. Enfin ce tronc se bifurque dans le voisinage du bulbe pharyngien, et chacune de ses branches se divise bientôt en deux troncs qui, à leur tour, ne tardent pas à se bifurquer encore, de façon à donner naissance aux huit artères tentaculaires ($_{13}$) destinées aux bras dont la tête du Poulpe est couronnée.

Le *tronc aortique postérieur* ($_{14}$) naît du bord antérieur et inférieur du ventricule artériel, entre les deux orifices auriculo-ventriculaires; presque aussitôt il fournit :

1° L'*artère péricardique* ($_{18}$), qui est très grêle et se dirige en arrière et en dessous du cœur pour se distribuer aux membranes péricardiques et à leurs dépendances.

2° Les *artères propres des branchies* ($_{15, 15}$), qui se portent à droite et à gauche, le long du bord supérieur du tronc branchio-cardiaque, et vont gagner la base des branchies. Celle du côté droit fournit l'*artère cardiaque*, qui se recourbe en arrière et se ramifie dans les parois du ventricule aortique. Parvenus sur les parties latérales de la masse viscérale, ces vaisseaux donnent naissance aux *artères génitales* externes, qui se distribuent à l'oviducte (*n'*) ou aux parties correspondantes de l'appareil mâle. Vers le même point, on voit naître une branche artérielle destinée à la portion de la membrane péricardique qui forme les grands sacs aquifères latéraux; un peu plus loin, ces artères propres de la branchie fournissent un rameau au cœur pulmonaire (*s*); enfin elles pénètrent dans la bande charnue à laquelle la branchie est suspendue, fournissent des ramuscules à cette bande, et donnent un rameau à chacun des arceaux branchiaux qui s'en séparent pour soutenir les feuillets respiratoires.

3° L'*artère duodénale* ($_{16}$), qui s'avance sous la poche péritonéale pour gagner le voisinage du pylore, fournit une branche aux parois de la cavité viscérale, et se ramifie sur l'intestin, dont elle suit le bord supérieur jusqu'à l'extrémité de la grande anse formée par ce tube.

4° *L'artère anale* (17), qui passe entre les deux veines caves, se dirige en avant, gagne la cloison médiane de la chambre respiratoire, et s'y distribue, ainsi qu'au rectum.

Enfin le cœur aortique fournit encore, par son bord postérieur, un troisième tronc, *l'artère génitale profonde* (19), qui se dirige en arrière et pénètre, soit dans l'ovaire, soit dans le testicule, suivant les sexes.

Le sang, porté dans toutes les parties de l'économie par les artères dont nous venons d'indiquer la disposition, revient vers les branchies par un système veineux composé en partie de vaisseaux à parois propres, en partie de lacunes ou d'espaces circonscrits seulement par les organes voisins.

Les *veines superficielles des bras* (Pl. 13) suivent les bords de ces appendices, entre les bases desquels ils se réunissent par paires, de façon à constituer huit gros vaisseaux qui, après s'être dirigés directement en arrière, s'anastomosent, à leur tour, deux à deux, et les troncs ainsi constitués se recourbent en bas, et concourent à former une sorte de cercle veineux autour de la partie antérieure de la tête (Pl. 12 et 14, *g*,'). L'extrémité antérieure de l'une et l'autre moitié de cette couronne vasculaire reçoit les veines cutanées du front et du côté ventral; l'extrémité opposée se joint à son congénère pour donner naissance à la *grande veine céphalique* (Pl. 14, *g*) qui occupe la ligne médiane du corps, et se dirige vers la partie postérieure de la masse viscérale, en suivant la paroi inférieure de l'abdomen; pendant ce trajet, elle reçoit les veines de l'entonnoir (Pl. 14, *s*) et quelques petites branches tégumentaires; vers le niveau du bord inférieur du foie (Pl. 14, *v*), la veine hépatique vient aussi s'y jeter. Enfin, presque aussitôt après, les deux troncs veineux viscéraux s'y réunissent également, et du confluent de ces trois gros vaisseaux naissent les deux *veines caves* (1), par l'intermédiaire desquelles la plus grande partie du sang est conduit aux cœurs pulmonaires.

(1) Voyez Pl. 12, 13 et 14.

Les deux troncs viscéraux ou *veines abdominales* dont il vient d'être question (1) ressemblent beaucoup aux veines caves par leur disposition et par les poches membraneuses et glandulaires dont leurs parois sont garnies; elles se dirigent en dehors et en avant, de façon à embrasser la masse viscérale, et elles reçoivent de chaque côté du cœur une grosse veine, que l'on peut appeler *veine génitale*, car elle rapporte le sang de l'ovaire ou du testicule, suivant les sexes (Pl. 14, *r*). Jusque là, ces troncs veineux n'offrent rien de particulier; mais, dans le voisinage du gésier, ils présentent une disposition des plus remarquables : au lieu de naître de la réunion d'autres veines plus petites, ils se continuent sans interruption avec un immense réservoir veineux (2) qui occupe toute la face dorsale de l'abdomen, et ils semblent même n'être que la continuation de cette poche membraneuse. C'est à M. Delle Chiaje (3) qu'appartient le mérite d'avoir signalé, pour la première fois, cette disposition curieuse, dont la connaissance est de la plus haute importance pour l'intelligence du mécanisme de la circulation chez ces animaux. A cet égard, mes observations ne font que confirmer le fait annoncé par le savant investigateur de la Faune maritime de Naples; mais je ne puis adopter son opinion relativement à la nature de ce réservoir. M. Delle Chiaje, qui, du reste, n'en parle que très brièvement, le considère comme un simple sinus veineux, tandis que je ne puis y voir autre chose que la *cavité viscérale* elle-même.

Pour montrer que la cavité abdominale concourt ainsi bien réellement à la formation du cercle circulatoire parcouru par le sang, il est nécessaire d'entrer dans quelques détails d'anatomie descriptive, que je m'efforcerai d'abréger autant que possible.

Le corps du Poulpe, comme on le sait, est renfermé dans une sorte de sac formé par un grand repli de la peau, et garni de fibres musculaires : ce repli, que l'on désigne sous le nom de manteau, naît du bord postérieur de la tête, auquel il adhère, mais est libre dans presque tout le reste de son étendue, et l'espace compris

(1) Pl. 11, 23,24; Pl. 12 et Pl. 14, *f*.

(2) Pl. 14, *d*, *e*.

(3) *Op. cit.*

entre la face interne de cette tunique et la masse viscérale constitue la chambre respiratoire, où se logent les branchies (1). L'abdomen est comme suspendu dans cette grande cavité palliale, et ses parois sont recouvertes par une membrane mince, qui n'est autre chose que la continuation de la peau ou enveloppe générale de l'animal. Dans quelques points, cette tunique est revêtue d'un pannicule charnu, et offre assez d'épaisseur; mais vers sa partie inférieure et latérale, elle devient fine et transparente, de façon à ressembler beaucoup à une membrane séreuse et à devenir facile à confondre avec le péritoine. La portion du corps ainsi circonscrite (2) est occupée en majeure partie par une grande cavité péritonéale, dans laquelle flottent librement divers viscères; mais, dans quelques points, les parois de l'abdomen adhèrent aux organes placés au-dessous, et ceux-ci sont alors situés en dehors du sac formé par le péritoine. Le foie, dont le volume est très considérable, est dans ce cas; il en est encore de même pour l'appareil de la génération, pour le sac péricardique, et pour un système de poches aquifères qui communique avec la chambre respiratoire par deux orifices situés près de la base des branchies, et qui logent dans leur intérieur les appendices glandulaires des grandes veines caves. L'intestin adhère également aux parois abdominales, de façon qu'en réalité il n'y a de cavité viscérale libre qu'à la partie dorsale de cette portion du corps; mais la chambre, ainsi circonscrite, est en tout comparable à la cavité abdominale des autres Mollusques, si ce n'est que la membrane péritonéale dont elle est revêtue est mieux constituée. Elle s'étend depuis la bouche jusque dans le voisinage du fond de la bourse palliale, et se compose de trois portions principales qui toutes communiquent librement entre elles, mais qui sont séparées par des brides ou par des étranglements. La portion la plus reculée de cette cavité viscérale ou abdominale (3) est de forme arrondie et surmonte l'ovaire ou le testicule; elle loge le grand estomac spiral, et elle est séparée de la portion suivante par une cloison incomplète qui

(1) Voyez l'atlas du *Règne animal*, Mollusques, pl. 1a.
(2) Voyez Pl. 15.
(3) Pl. 13, *g*; Pl. 14, *e*; Pl. 15.

dépend du péritoine, et qui, allant se fixer au bord postérieur du gésier, remplit les fonctions d'un mésentère. La seconde portion de la cavité viscérale (1) est beaucoup plus vaste et s'étend depuis le niveau du cœur aortique jusqu'à la nuque ; elle est renflée à ses deux extrémités, et lorsqu'on l'ouvre longitudinalement (Pl. 15), on voit flotter dans son intérieur le gésier, le jabot, les deux glandes salivaires postérieures, la presque totalité de l'aorte ascendante et une portion de l'œsophage. Enfin, la portion antérieure ou céphalique de la cavité viscérale (2) se continue avec la précédente sous la forme d'un canal étroit qui renferme l'œsophage, et qui s'élargit antérieurement pour loger les glandes salivaires antérieures, le bulbe pharyngien et la base des mâchoires. Dans cette dernière portion, la tunique péritonéale disparaît plus ou moins complétement, et la cavité n'est limitée que par le cartilage céphalique, la peau des lèvres, les muscles et les autres organes circonvoisins ; les nerfs des bras la traversent, et elle se continue, en dessus, avec la cavité cérébrale, qui n'en est même qu'une dépendance.

C'est vers les deux tiers postérieurs de la portion moyenne de cette grande cavité viscérale que partent les deux canaux veineux dont il a été question ci-dessus comme se rendant à l'origine des veines caves. Dès leur naissance, ils sont d'un calibre très considérable, et ils communiquent chacun avec le sac péritonéal par une ouverture assez large pour laisser passer un gros stylet (3). Ces ouvertures se voient de chaque côté du gésier ; celle de gauche se montre dès qu'on ouvre la cavité abdominale, mais celle du côté opposé se trouve un peu au-dessous du gésier, et elle est cachée aussi par un des replis mésentériques. L'espèce de grande lacune qui entoure les principaux viscères se continue donc sans interruption avec les troncs veineux, et, comme on vient de le voir, cette lacune n'est pas un sinus veineux ordinaire, mais la cavité abdominale tapissée d'un péritoine, comme chez les animaux supérieurs.

(1) Pl. 13, *e,f*; Pl. 14, *d*; Pl. 15.
(2) Pl. 14 et Pl. 13.
(3) Pl. 16.

Le sang qui sort de ce vaste réservoir abdominal pour se rendre aux branchies par l'intermédiaire des conduits abdominaux et des veines caves y arrive de la bouche, des parties profondes des bras, des yeux et de la moitié antérieure de l'appareil digestif.

Les veines labiales serpentent dans le repli tégumentaire qui entoure la bouche, et vont déboucher directement dans la partie voisine de la cavité viscérale. Vers le même point, on y voit aboutir également des veines à parois bien distinctes qui appartiennent au bulbe charnu de la bouche, et plus en dehors on remarque les orifices d'une série de canaux qui sont des lacunes plutôt que des tubes, et qui se prolongent au centre des bras; ces conduits livrent passage aux nerfs, et paraissent remplir aussi les fonctions de veines profondes pour tout le système musculaire des appendices céphaliques. Plus loin, en arrière, on distingue également une petite veine cérébrale, venant se dégorger dans la cavité générale, et sur les côtés on voit celle-ci en communication avec un système de lacunes qui occupe la plus grande partie du fond de l'orbite, et qui reçoit les veines choroïdiennes et quelques autres vaisseaux ophthalmiques (Pl. 13). La disposition de ces parties est très remarquable; mais je ne m'y arrêterai pas davantage en ce moment, car je me propose d'en donner une description détaillée en traitant du système circulatoire du Calmar. Quant aux veines de l'œsophage, de l'estomac et des glandes salivaires, je ne les ai pas encore suivies d'une manière satisfaisante; mais elles m'ont paru offrir ici une disposition analogue à celle de la bouche, et se terminer toutes dans la grande cavité viscérale.

Quant aux veines du manteau, elles se réunissent en deux troncs principaux, qui vont déboucher directement dans les cœurs veineux, près de la terminaison des veines caves. Les figures que j'en donne (Pl. 11, $_{19}$) me dispenseront d'en décrire ici le trajet; mais je dois noter que, tout le long de la base des branchies, ces vaisseaux constituent une sorte de plexus veineux très développé, dans lequel j'ai cru reconnaître une disposition analogue à celle d'un système portal.

En résumé, on voit donc que le sang veineux venant des muscles des bras, des lèvres, des yeux, et d'une portion considérable du système viscéral, est versé dans la grande lacune périgastrique ou cavité viscérale ; là, ce liquide baigne directement le bulbe pharyngien, l'œsophage, les glandes salivaires, les trois estomacs, le collet ganglionnaire, les principaux nerfs et l'artère aorte ascendante ; puis cette même cavité envoie directement le sang dans les deux troncs abdominaux, conduits auxquels viennent aboutir aussi les veines des organes génitaux. Le sang de toutes les parties superficielles de la tête, de l'entonnoir et du foie arrive, au contraire, par les veines ordinaires, dans la grande veine céphalique, laquelle, après s'être anastomosée avec les deux canaux abdominaux, se bifurque pour constituer les deux veines caves. Ces dernières versent leur contenu dans les cœurs veineux correspondants, où les veines du manteau vont également aboutir. Enfin, ces cœurs donnent naissance aux artères branchiales, dont les rameaux, disposés comme ceux des vaisseaux efférents dont il a déjà été question, se distribuent sur toute l'étendue de la surface respiratoire, et y forment un réseau capillaire très beau.

Les injections que M. Valenciennes et moi avons faites ont montré que, chez l'Argonaute, la disposition du système circulatoire est tout-à-fait la même que chez le Poulpe ; mais, chez le Calmar, j'ai remarqué des différences assez considérables, que je ferai connaître dans un prochain article.

EXPLICATION DES FIGURES.

PLANCHE 11.

Cette planche représente principalement le système artériel du Poulpe commun. L'animal a été ouvert du côté ventral ; le foie a été enlevé, et les intestins rejetés sur le côté. On voit en :

a,a la base des bras, garnis de leurs ventouses (*a'*).—*b,b*, la tête.—*c*, l'un des yeux. — *d,d*, le manteau ouvert et étendu. — *e*, l'entonnoir, dont la portion basilaire a été enlevée d'un côté. — *f*, le bulbe pharyngien, portant le bec corné en avant, et fixé en arrière aux parois de la cavité viscérale par deux ligaments supérieurs. — *g*, les glandes salivaires antérieures.— *h*, les glandes salivaires postérieures, avec leurs ligaments suspenseurs (*h'*) et leur conduit excréteur (*h''*) — *i*, l'œsophage. — *j*, le jabot. — *k*, le gésier. — *l*, l'estomac spiral ou accessoire.—*m*, l'extrémité pylorique de l'intestin, de chaque côté de laquelle on voit les tronçons des canaux hépatiques. — *m'*, les circonvolutions de l'intestin. — *m''*, l'anus rejeté de côté. — *n*, l'ovaire à la période d'inactivité. — *n',n'*, les oviductes. — *o,o*, les branchies. — *p*, le ventricule aortique ou cœur du milieu (Cuv.) — *q*, l'aorte ascendante ou céphalique. — [1], son origine. — [2], les artères palliales. — [3], artère gastrique. — [4], artère hépatique. — [5], artères œsophagiennes. — [6], artère salivaire. — [7],[8], artères pharyngiennes. — [9], artères principales de l'entonnoir. — [10], artères palpébrales. — [11], artères auriculaires. — [12], artères dorsales de l'entonnoir. — [13], artères tentaculaires. — [14], artère aorte postérieure. — [15],[15], artères nourricières des branchies. — [16], artère duodénale. — [17], artère anale. — [18], artère péricardique. — [19], artère génitale profonde. — *r,r*, veines caves coupées près de leur origine, et rejetées de côté. — *r'*, appendices glanduleux de ces veines. — *s,s*, cœurs veineux ou pulmonaires. — *s'*, artère branchiale. — [20], veines du manteau. —[21], tronc veineux du support branchial.—[22], réseau veineux occupant l'intérieur de ce support. — [23'], origine des conduits qui se rendent de la cavité abdominale à l'origine des veines caves. — *t*, vaisseau branchio-cardiaque ou veine branchiale. — *u,u*, oreillettes du cœur aortique. — *v*, parois tégumentaires de l'abdomen.

PLANCHE 12.

Cette planche représente principalement la portion inférieure du système veineux.

a,a, veines des bras. — *b*, grande veine céphalique. — *c*, veines de l'entonnoir — *d*, veines du rectum et de la cloison palliale. — *e*, veine de la paroi interne de la cavité branchiale. — *f*, veine hépatique. — *g*, canal veineux se rendant de la cavité péritonéale à l'origine des veines caves. — *h,h*, les veines caves garnies de leurs appendices spongieux. — *i,i*, cœurs pulmonaires. — *j,j*, veines latérales du manteau. — *k*, veine médiane du manteau. — *l*, artère branchiale ou vaisseau afférent des branchies. — *m*, vaisseau efférent ou veine branchiale. — *n,n*, oreillettes du cœur aortique. — *o*, ventricule aortique. — *p*, artère intestinale. — *q*, portion du sinus péritonéal, renfermant les glandes salivaires. — *r*, le foie. — *s*, canaux hépatiques. — *t*, portion de la cavité péritonéale renfermant l'estomac spiral. — *u,u*. intestin. — *x*, testicule — *x'* canaux déférents. — *y,y*, parois internes de la chambre respiratoire. — *z,z*, manteau. — *z'*, cloison médiane de la chambre branchiale.

PLANCHE 13.

Système veineux vu du côté dorsal, la tête et le manteau étant ouverts.

a, portion antérieure de la cavité viscérale ouverte pour montrer le bulbe charnu du pharynx baigné par l'injection.— *b*, sinus ophthalmique.— *c*, sinus cérébral. — *d*, portion œsophagienne de la cavité viscérale. — *e*, portion moyenne de la même cavité, montrant le péritoine à nu.—*f*, portion gastrique de la même cavité. — *g*, troisième portion de la même cavité, logeant l'estomac spiral. — *h*, l'un des canaux abdominaux se rendant aux veines caves. — *i*, le canal abdominal de l'autre côté. — *j*, veine cave. — *k,k*, les cœurs veineux. — *l*, veine palliale. — *m*, réseau veineux. — *n*, artère branchiale. — *o*, branchies. — *p*, veines de l'ovaire. — *q*, veines de l'intestin. — *r,r*, veines des bras. — *s,t*, piliers charnus du manteau.

PLANCHE 14.

Cette planche, destinée principalement à montrer le système veineux du Poulpe injecté en bleu, montre l'animal ouvert latéralement du côté droit (et non le côté gauche, comme on pourrait le croire, le lithographe ayant oublié de retourner son dessin en le transportant sur la pierre); le manteau est ouvert et en partie enlevé, la branchie droite renversée, et l'entonnoir divisé sur la ligne médiane.

a,a, le manteau. — *b,b*, la tête. — *c*, l'œil. — *d*, portion moyenne de la cavité viscérale. — *e*, portion postérieure de la même cavité. — *f*, l'un des canaux veineux qui se rendent de la cavité abdominale à l'origine des veines caves. — *g*, la grande veine céphalique. — *g'*, couronne veineuse de la tête, résultant de l'anastomose des veines tentaculaires. — *h*, l'une des veines caves naissant du point de rencontre des canaux veineux de l'abdomen et de la grande veine céphalique. — *i,i*, cœurs veineux auxquels vont aboutir les veines caves. — *j*, veine palliale se rendant également au cœur pulmonaire correspondant. — *k*, artère pulmonaire naissant du cœur pulmonaire, et portant le sang veineux à l'organe respiratoire. — *l*, la branchie. — *m*, vaisseau branchio-cardiaque ou veine pulmonaire. — *n*, cœur aortique. — *o*, artère aorte céphalique allant plonger dans la cavité viscérale, pour y remonter jusqu'à la base des tentacules. — *p*, l'intestin. — *r*, l'ovaire. — *s*, l'entonnoir. — *v*, le foie.

PLANCHE 15.

Cette figure représente un Poulpe qui, après avoir été injecté en bleu pour le système veineux, et en rouge pour le système artériel, par les vaisseaux afférents et efférents à l'une des branchies, a été ouvert sur la ligne médiane du dos, pour montrer l'intérieur de la cavité viscérale qui fait fonction d'un sinus veineux.

a, l'œsophage. — *b,b*, les glandes salivaires postérieures. — *c*, le jabot. — *d*, le gésier. — *e*, l'estomac spiral. — *f*, portion de l'artère aorte ascendante, flottant dans la cavité viscérale. — *g*, paroi dorsale de la portion moyenne de la cavité viscérale renversée en dehors. — *h*, paroi de la portion postérieure de la même cavité, également ouverte. — *i*, embouchure du conduit veineux du côté gauche, qui se rend de la cavité abdominale aux veines caves. — *j*, bride mésentérique supérieure, qui sert à suspendre le gésier, et qui cache l'autre orifice efférent de ce réservoir veineux.—*l*, portion des poches aquifères renfermant l'un des canaux veineux de l'abdomen, et ses appendices glanduleux. — *l'*,*l'*, portion des mêmes poches, renfermant les veines caves. — *m*,*m*, les deux cœurs pulmonaires — *n*, branchie. — *o*, intestin. — *p*, ovaire. — *q*, le foie. — *r*,*r*,*r*,*r*, piliers musculaires s'étendant de la face dorsale de l'abdomen à la voûte de la chambre branchiale. — *s*,*s*, base de la tête. — *t*,*t*,*t*,*t*, le manteau ouvert et replié latéralement.

PLANCHE 16.

Portion inférieure du corps du Poulpe vu latéralement et ouvert, pour montrer la communication directe entre la cavité viscérale et le canal veineux du côté droit ; ce canal a été ouvert, ainsi que la portion voisine de la cavité viscérale, et un stylet a été introduit dans l'orifice par lequel le sang veineux, après avoir baigné les viscères, sort de la poche péritonéale pour se rendre dans les veines caves.

a,*a*,*a*, le manteau. — *b*, portion post-céphalique de la cavité viscérale, dont les parois sont intactes. — *c*,*c*,*c*, portion moyenne de la même cavité, dont les parois ont été fendues et rejetées en dehors. — *d*, portion inférieure du jabot. — *e*, le gésier. — *f*, bride mésentérique supérieure. — *g*, bride mésentérique postérieure. — *h*, canaux hépatiques. — *i*, intestin. — *j*, portion postérieure de la cavité viscérale renfermant l'estomac spiral. — *k*, canal veineux efférent à la cavité abdominale. — *l*, l'une des veines génitales profondes, allant déboucher dans ce canal veineux. — *m* grande veine céphalique allant se réunir aux deux canaux veineux de l'abdomen, pour constituer ensuite les deux veines caves — *n*, l'une de ces veines caves. — *o*, l'un des cœurs veineux. — *p*, portion d'une des oreillettes. — *q*, ventricule aortique. — *r*, origine de l'aorte ascendante. — *s*, portion moyenne du même vaisseau. — *t*, le foie. — *u*, l'ovaire. — *v*, l'intestin. — *x*, l'un des piliers charnus du manteau.

PLANCHE 17.

APPAREIL CIRCULATOIRE DU POULPE A LONGS BRAS (*Octopus macropus*).

Dans cette espèce, le sinus veineux formé par la cavité péritonéale est beaucoup plus développé que chez le Poulpe commun ; il descend jusqu'au fond du sac, et communique avec les veines caves, non seulement par les deux troncs vasculaires (*g*) qui embrassent le foie et longent le bord supérieur des canaux branchio-cardiaques, mais aussi par des canaux (*e*) tout aussi gros, qui naissent de la dernière chambre abdominale, se portent d'arrière en avant, reçoivent les veines ovariennes, et vont s'anastomoser avec les canaux veineux supérieurs près du cœur.

Dans cette préparation, les tentacules ont été enlevés, et le corps de l'animal ouvert latéralement.

a,*a*, le manteau. — *a'*, portion de la peau du manteau. — *a''*, chambre respiratoire du côté gauche ; la cloison médiane, qui s'étend du manteau à la face inférieure de l'abdomen, se voit en *J*.

b, grande cavité viscérale ouverte, pour montrer les viscères qui y sont baignés par le sang veineux. — *c*, fond de la portion moyenne de ce sinus, renfermant le gésier. — *d*, portion postérieure de la même cavité, renfermant l'estomac spiral. — *e*, canal veineux inférieur venant du fond de ce grand sinus, et recevant les veines des organes de la génération, de l'intestin, du foie, etc. — *f*, canal veineux supérieur venant de la portion moyenne de la cavité abdominale, et se réunissant au vaisseau précédent, pour constituer de chaque côté du corps un tronc transversal qui s'anastomose avec la grande veine céphalique, pour donner naissance aux veines caves. — *g*, corps spongieux adhérents à ces troncs veineux communs.

h, grande veine céphalique. — *i*, veines des bras. — *i'*, veines cutanées des bras. — *j*, veines cutanées du manteau. — *k*, veines de l'entonnoir, allant déboucher dans la veine céphalique. — *l*, veines anales dont les racines naissent sur le rectum et la cloison médiane de la chambre branchiale. — *m*, veine palliale inférieure qui naît sur la portion inférieure du manteau, et passe dans l'épaisseur de la cloison médiane, pour aller déboucher dans la grande veine céphalique. — *n*, l'une des veines caves garnie de ses corps spongieux, et allant déboucher dans le cœur branchial correspondant. — *o,o*, l'une des veines latérales du manteau, coupée au point où elle sort de la couche musculaire pour contourner la base de la branchie et aller déboucher dans la veine cave.

p, cœur veineux du côté droit, renversé en dessous. — *p'*, vaisseau afférent à la branchie. — *q*, vaisseau branchio-cardiaque. — *r*, oreillette formée par une dilatation contractile de la portion terminale du canal branchio-cardiaque. — *s*, ventricule aortique. — *t*, origine de l'aorte antérieure. — *t*, portion antérieure du même vaisseau. — *u*, artère génitale profonde. — *x*, branches de l'aorte postérieure, se rendant à l'anus. — *x'*, branches de la même artère, se distribuant au manteau. — *y*, artères nourricières des cœurs veineux et des branchies, fournies par l'aorte postérieure. — *z* artère dorsale se distribuant à la portion supérieure et antérieure du manteau.

A, rectum. — *B*, anse postérieure de l'intestin. — *C*, œsophage. — *D*,*D*, glandes salivaires postérieures. — *E*, testicule. — *F*, conduit excréteur de l'encre. — *G*, foie. — *H*, entonnoir ouvert. — *J*, cloison médiane de la chambre branchiale. — *K*, portion de la paroi de l'abdomen. — *L*, œil. — *M*, membrane tégumentaire de l'abdomen, tapissant la paroi interne de la chambre respiratoire.

QUATRIÈME ARTICLE.

De l'appareil circulatoire du Calmar.

Alexandre Monro, dans son grand ouvrage sur l'anatomie de la physiologie des Poissons (1), a donné une description som-

(1) *The structure and physiology of fishes explained*. Edinb., 1785, ch. XII, p. 64.

maire du cœur et des principaux vaisseaux sanguins du Calmar. Cuvier en a fait l'objet de quelques remarques (1), et, dans ces dernières années, M. Dellechiaje a publié sur le même sujet des observations nouvelles, accompagnées de nombreuses figures (2). Aussi, en décrivant ici le système sanguin de ce Mollusque, n'aurai-je que peu de choses à ajouter concernant la structure de toute la portion de cet appareil où le fluide nourricier se trouve renfermé dans des tubes vasculaires; mais, dans une portion du cercle circulatoire, les vaisseaux proprement dits manquent, et, ainsi que je l'ai déjà fait voir, y sont remplacés par de simples lacunes ou espaces interorganiques : or la disposition de cette portion non vasculaire de l'appareil de la circulation n'est pas connue des anatomistes, et je crois utile d'y appeler leur attention.

Les veines superficielles des bras sont tout aussi bien formées chez le Calmar que chez le Poulpe, mais se comportent autrement. Chaque tentacule, au lieu de présenter deux grosses veines latérales, ne possède qu'un seul tronc situé au milieu de la face antérieure ou cupulifère de cet appendice, et ces divers vaisseaux, au lieu de se réunir pour constituer en quelque sorte les racines de la grande veine céphalique, vont verser le sang dans la portion antérieure ou péristomienne de la cavité viscérale (3). Il en est de même des petites veines labiales, sous-cutanées et musculaires, de la portion antérieure de la tête, et la grande veine céphalique ne commence qu'au bord postérieur de la tête, au-dessus de la base de l'entonnoir.

Le sinus veineux, qui reçoit ainsi tout le sang des tentacules et de la région orale, occupe la partie antérieure de la tête, et loge le bulbe charnu de la bouche ; c'est une cavité pyriforme limitée antérieurement par une membrane très extensible qui s'étend de la base de la lèvre circulaire, dont l'orifice buccal est entouré à la base du cercle palpifère située près de la racine du bras, et représentant une sorte de lèvre extérieure. Latéralement, de même qu'en dessus et en dessous, cette grande lacune ou

(1) *Leçons d'anatomie comparée*, t. IV, p. 396.

(2) *Animali invertebrati*, t. I, p. 59, pl. 21 à 24)

(3) Voyez pl. 18.

chambre péristomienne a pour parois la masse musculaire de la racine des bras, et en arrière elle se continue avec le canal étroit qui est traversé par l'œsophage et qui communique avec la cavité crânienne où se trouve logé le ganglion cérébroïde, et où arrive aussi de chaque côté le sang veineux venant des sinus ophthalmiques. Une veine hépatique antérieure, qui vient de la face dorsale du foie et des glandes salivaires postérieures, débouche dans la partie postérieure de ce système de chambres, et à leur partie inférieure se trouve un orifice ovalaire qui traverse les parois de la tête, et fait communiquer le sinus crânien avec la grande veine céphalique.

Les sinus ophthalmiques occupent tout le fond du globe oculaire ; la glande choroïdienne et les ganglions ophthalmiques y baignent, et en dehors on y voit pénétrer les veines ciliaires.

Tout le sang veineux de la tête, à l'exception de la petite quantité que reçoivent des veinules sous-cutanées, presque capillaires, de la région cervicale, est ainsi versé dans les lacunes céphaliques, et n'arrive dans la grosse veine chargée de porter ce liquide de la tête vers les cœurs branchiaux qu'après avoir baigné la portion antérieure du canal alimentaire et les grands centres nerveux. Cette partie du système veineux est donc plus incomplète que chez le Poulpe; mais il en est tout autrement dans le reste de l'économie.

Effectivement, la cavité viscérale qui, chez ce dernier Mollusque, s'étend dans presque toute la longueur du corps, et constitue un vaste sinus veineux où les estomacs, les glandes salivaires et l'artère aorte flottent dans le sang, s'oblitère chez le Calmar immédiatement en arrière de la nuque. Là il n'existe aucun espace libre entre l'œsophage et les membranes péritonéaux, de sorte que le sinus veineux se trouve réduit à la portion céphalique postérieure qui communique chez le Poulpe avec les veines caves à l'aide de deux ou de quatre grands canaux. Dans toute la portion abdominale du corps, le sang ne circule que dans les veines proprement dites, et l'appareil vasculaire devient aussi complet que chez les animaux vertébrés ordinaires (1).

(1) Pl. 19.

La disposition de ces veines ne présente d'ailleurs aucune particularité importante à signaler. La *veine céphalique* est déjà très grosse à son origine, sous le cou où elle reçoit les veines cervicales et celles de l'entonnoir ; elle se dérige ensuite en arrière le long de la ligne médiane entre la masse viscérale commune et la bourse à encre ; parvenue vers le fond de ce dernier organe, ses parois commencent à se garnir d'appendices spongieux, et bientôt elle se divise en deux grosses branches qui descendent de chaque côté de l'anse formée par l'intestin rectum, et constituent les *veines caves*. Ces vaisseaux après avoir embrassé le rectum se rapprochent de la ligne médiane au-dessous du cœur aortique, et se rendent ensuite aux cœurs veineux ; leurs parois sont couvertes d'appendices spongieux comme chez les Poulpes et les Seiches, et il existe aussi de ces corps singuliers sur la portion terminale des principales veines qui viennent y déboucher ; l'un de ces vaisseaux est la grande *veine hépatique postérieure*, dont une branche se porte en avant sur la face ventrale du foie, et deux se dirigent en arrière sur les lobes postérieurs de cette glande. On remarque aussi vers ce point, mais s'ouvrant dans la veine cave du côté droit, tandis que la veine hépatique débouche dans la veine cave gauche, un gros tronc venant du rectum et de la poche à encre, ainsi que la veine génitale postérieure qui reçoit des ramuscules de l'estomac, passe au-dessus de cet organe, et tire son origine du testicule ou de l'ovaire (1).

Les veines, qui rapportent le sang des nageoires et de toute la portion postérieure du manteau, s'ouvrent aussi dans les veines caves, près de leur terminaison dans les cœurs branchiaux. Ces vaisseaux ne paraissent pas avoir d'analogues chez le Poulpe, et constituent de chaque côté de l'abdomen un vaste réservoir pyriforme, dont le sommet dirigé en arrière et en dehors se continue avec un vaisseau de médiocre grandeur, qui reçoit un grand nombre de branches venant du manteau, et prend naissance dans les nageoires par une multitude de branches disposées à peu près parallèlement entre elles.

Les vaisseaux qui correspondent aux *veines palliales* du Poulpe

(1) Pl. 18.

ne tirent leur origine que des deux tiers antérieurs du manteau, et forment de chaque côté du corps deux branches principales : l'une de celles-ci se dirige d'arrière en avant vers la base de la branchie correspondante ; l'autre résulte de l'anastomose de deux veines, dont les racines occupent toute la partie antérieure du manteau, et se portent d'avant en arrière, pour se joindre à la branche postérieure. Le tronc unique ainsi formé reçoit une grosse veine appartenant à l'expansion membraneuse, qui unit la branchie à la paroi externe de la chambre respiratoire. Enfin, la veine palliale, après s'être recourbée en dedans, passe au-dessus du vaisseau afférent de la branchie, et va s'ouvrir dans le cœur veineux correspondant.

Le vaisseau afférent qui porte le sang veineux à la branchie présente aussi quelques particularités comparativement à ce qui se voit chez le Poulpe ; il est situé à peu de distance du vaisseau afférent, et fournit au niveau de chaque arcade branchiale une paire de branches qui se divisent aussitôt en deux rameaux, dont l'un se dirige en dedans vers le bord interne de l'organe ; l'autre, en sens opposé, pour gagner le bord externe, et dont les ramuscules sont disposées comme des dents de peigne.

En décrivant l'appareil circulatoire du Poulpe, j'ai exposé les raisons qui m'avaient porté à considérer les troncs branchio-cardiaques comme des oreillettes du cœur aortique. Depuis lors, je me suis assuré que, chez la Seiche, ces réservoirs sanguins sont très contractiles, et que, par leurs pulsations, ils envoient le sang dans le ventricule ; ce sont par conséquent bien de véritables oreillettes. Mais chez le Calmar, ces organes ne sont que peu dilatés, et présentent l'aspect de vaisseaux ordinaires ; je conservais donc quelques doutes sur leur fonction, lorsque M. Doyère, en m'entretenant d'une série de recherches auxquelles il s'est livré sur le développement de ces Mollusques, m'a assuré que souvent il avait vu les pulsations de ces deux canaux chez de jeunes individus, dont les tissus offraient assez de transparence pour permettre l'observation des parties internes dans leur état normal. Chez le Calmar, de même que chez le Poulpe et la Seiche, il existe donc de chaque côté du cœur aortique une oreillette plus ou moins tubulaire qui reçoit le sang artériel de la branchie correspondante et le pousse dans le ventricule. Ainsi, chez tous les Céphalopodes ordinaires, le cœur artériel est construit d'après le même plan général que le cœur aortique des Gastéropodes et des Acéphales. En est-il également ainsi du Nautile ? Pour s'en assurer, il faudrait pouvoir observer la circulation chez ce Mollusque pendant la vie de l'animal ; car, chez les Poulpes et les Seiches, les caractères physiologiques de ces parties disparaissent après la mort.

Les orifices auriculo-ventriculaires ou bronchio-cardiaques sont garnis, comme on le sait, de petites valvules qui s'opposent au reflux du sang, et le cœur est d'une forme beaucoup plus régulière que chez le Poulpe. L'*artère aorte antérieure* naît de son extrémité antérieure, qui est déjetée un peu à droite ; elle gagne la face dorsale du foie, côtoie l'œsophage, et pénètre avec ce canal dans les sinus veineux de la tête. La première branche, un peu considérable, qui en naît, est l'*artère viscérale*, dont les rameaux se distribuent à la portion postérieure de l'œsophage, la poche pylorique et l'estomac, et au testicule chez le mâle, à l'oviducte chez la femelle. Un peu plus en avant, l'aorte donne naissance à l'artère hépatique, puis aux artères palléales, à une paire d'artères que l'on pourrait appeler occipitale, aux artères tentaculaires, etc.

L'*aorte postérieure* naît de l'extrémité postérieure du ventricule artériel, et après avoir donné naissance à une petite artère intestinale qui se montre en avant pour gagner le rectum et la bourse à encre, ainsi que deux artères nourricières des cœurs pulmonaires, ce vaisseau se divise en trois branches principales, dont la médiane gagne la paroi inférieure de la chambre branchiale, et se distribue à toute la portion ventrale du manteau ; les deux autres se dirigent en arrière et en dehors, et accompagnent les veines des nageoires.

Dans la Seiche, la disposition du système circulatoire est à peu de chose près la même que chez le Calmar, et ne présente aucune des particularités qui se voient chez le Poulpe. Ainsi, il existe à cet égard une concordance remarquable entre la structure intérieure et les caractères fournis par le nombre de bras ; chez les Céphalopodes à quatre paires de bras, la circulation veineuse est semi-lacuneuse dans l'abdomen aussi bien que dans la tête ; tandis que chez les Céphalopodes à dix tentacules, le système veineux est entièrement vasculaire dans toute l'étendue de l'abdomen, et la portion lacunaire du cercle circulatoire se trouve dans la tête seulement.

EXPLICATION DES FIGURES.

PLANCHE 18.

Le Calmar commun, dont le système artériel est injecté en rouge, et le système veineux en bleu ; l'animal est vu en dessous et le manteau ouvert, ainsi que le péritoine ; enfin les veines caves sont écartées pour mettre à nu le cœur aortique.

A, la tête. — *A'*, bouche. — *F*, foie. — *G*, estomac. — *H*, estomac en cul-de-sac. — *I*, testicule. — *K*, canal efférent. — *L*, rectum. — *M*, sac à encre. — *O*, branchies. — *P*, manteau. — *P'*, paroi externe de la chambre branchiale. — *P''*, feuillet péritonéal de cette paroi. — *Q*, entonnoir.

a, grand sinus veineux de la tête, mis à nu du côté droit. — *b*, portion péristomienne de la même cavité. — *c,c,c*, veines des bras, allant déboucher dans ce sinus. — *d*, sinus ophthalmique. — *d'*, veines de l'iris, allant déboucher dans ce dernier sinus. — *e*, grande veine céphalique naissant du sinus céphalique. — *g'*, veines de l'entonnoir. — *h*, veines caves garnies de leurs corps spongieux. — *i*, veines hépatiques. — *j*, veines génitales — *k,k*, veines du manteau — *l,l*, veines des nageoires se dilatant beaucoup avant de se joindre aux veines caves. — *m,m*, cœurs pulmonaires. — *n*, canal afférent à la branchie. — *o*, vaisseau efférent ou branchio-cardiaque. — *p*, cœur aortique. — *q*, artères du manteau, naissant de l'aorte postérieure. — *q'*, artères des nageoires. — *r*, artère aorte antérieure.

PLANCHE 19.

Fig. 1. Dans cette préparation, la tête est vue en dessus, et le manteau, fendu latéralement, a été rejeté du côté dorsal.

A, tête. — *B*, manteau. — *C*, cavité de l'os. — *D*, glandes salivaires. — *E*, œsophage. — *F*, foie. — *G*, estomac proprement dit. — *H*, estomac en cul-de-sac. — *I*, testicule. — *J*, réservoir spermatique. — *K*, conduit déférent. — *Q*, entonnoir.

a, grand sinus veineux de la tête.—*b*, membrane péristomienne formant la paroi antérieure de ce sinus. — *c,c,c*, veines des bras. — *d*, sinus ophthalmique. — *e*, sinus crânien. — *f*, veines hépatiques antérieures. — *g*, veine céphalique. — *h*, veines caves garnies de leurs corps spongieux. — *i*, veines hépatiques postérieures.— *j*, veines gastriques. — *j'*, branche de cette veine, venant du testicule. — *k*, veines palliales. — *k'*, veine naissant dans l'épaisseur de la tige de la branchie. — *l,l*, veines des nageoires. — *l'*, section de l'une de ces veines, dans le point où elle traverse la paroi dorsale de la cavité palliale. — *l''*, racines de la même veine. — *m,m*, cœurs veineux. — *n*, vaisseau branchial afférent. — *o*, vaisseau branchial efférent. — *p*, cœur aortique.—*q*, artère aorte postérieure.—*q'*, artères de la nageoire.—*r*, artère palliale inférieure.— *s*, artère aorte antérieure.— *t*, artère viscérale.— *u*, artères hépatiques. — *x*, artères palliales antérieures. — *g**, artère ophthalmique.

Fig. 2. Section transversale de la branchie.

a, lobes branchiaux dont les bords externes sont libres. — *b*, tige de la branchie. — *b'*, membrane qui la fixe à la paroi de la chambre palliale — *c*, plexus veineux occupant l'intérieur de cette tige. — *d,d*, branches du vaisseau afférent. — *e*, tronc de ce vaisseau. — *f,f*, racines du vaisseau efférent (*g*).

CINQUIÈME ARTICLE.

De l'appareil circulatoire de l'Aplysie.

Un des plus beaux chapitres du célèbre ouvrage de Cuvier sur l'anatomie des Mollusques est, sans contredit, son Mémoire sur l'organisation de l'Aplysie ; aussi les recherches plus récentes n'ont-elles ajouté que peu de choses aux résultats obtenus par ce grand anatomiste, et si je reviens en ce moment sur l'histoire des organes de la circulation chez ce Gastéropode, c'est plutôt pour rappeler les faits constatés par mon illustre maître que pour les compléter.

L'Aplysie est de tous les Mollusques proprement dits celui dont le système veineux est le plus incomplet ; mais la portion artérielle du cercle circulatoire y est aussi parfaite que chez les animaux les plus élevés de cet embranchement. Sous ce rapport, l'Aplysie ressemble beaucoup aux Crustacés supérieurs ; cependant son organisation atteint un degré de perfectionnement encore plus élevé ; car le cœur, composé d'un ventricule et d'une oreillette, est en continuité directe avec le canal branchio-cardique, et ce n'est point par l'intermédiaire de la chambre ou lacune péricardique que le sang y arrive, ainsi que cela se voit chez les Crabes et les Écrevisses. Le cœur est situé, comme on le sait, du côté droit, vers le tiers postérieur du corps ; le ventricule se trouve un peu en avant de l'oreillette, et le sang arrive dans ce vestibule artériel en se portant d'arrière en avant. Au premier abord, on pourrait croire que cette circonstance ne mérite aucune attention ; mais nous verrons par la suite que c'est un caractère physiologique propre à une des grandes divisions naturelles de l'ordre des Gastéropodes.

L'*aorte* (1) forme dans l'intérieur du péricarde une crosse, dont la portion antérieure porte ces crêtes vasculaires que Cuvier a fait connaître, et que l'on doit considérer comme des glandes sanguines ; c'est entre le sommet du ventricule et ces appendices vasculaires que naissent les deux grandes artères viscérales. Le premier de ces vaisseaux que je désignerai sous le nom d'*artère abdominale* ou *aorte postérieure*, se dirige en arrière, et s'enfonce au milieu des circonvolutions de l'intestin et les lobules du foie ; il fournit de nombreuses branches à ces organes, et il est facile d'en suivre les ramifications jusque dans le voisinage de l'anus.

L'*artère gastrique* (2) naît immédiatement en avant de l'artère abdominale, et suit une direction opposée ; elle fournit presque aussitôt une petite branche qui porte le sang aux parties voisines de la voûte abdominale, puis une paire de vaisseaux récurrents qui distribuent leurs ramuscules au gésier et au pylore ; on en voit naître ensuite les artères de la portion membraneuse du second estomac, des glandes salivaires et du jabot ; enfin, devenue très grêle, elle longe l'œsophage, dans les parois duquel elle envoie beaucoup de ramuscules, et se termine près de la partie postérieure de la masse pharyngienne.

Au-delà de la crête vasculaire, et aussitôt après sa sortie du péricarde, l'aorte fournit l'*artère génitale* qui se dirige en arrière

(1) Pl. 23, *c,d*. — (2) Pl. 23, *f*.

en passant sous le cœur, et se distribue à l'oviducte et aux parties voisines de l'appareil reproducteur. Une autre artère, que l'on pourrait appeler *operculaire*, prend son origine très près de l'artère génitale, se dirige également en arrière, mais en passant au-dessus du cœur, et distribue de nombreuses branches à la portion du manteau qui renferme la coquille, et qui constitue ce que Cuvier nomme l'*opercule* (1). Une troisième artère naît de la même partie de l'aorte, passe sous l'oviducte, et se distribue à l'appareil glandulaire en forme de grappe, dont le canal excréteur débouche en dehors près de l'ouverture génitale. Enfin une quatrième artère se détache de l'aorte un peu en avant des précédentes, et se porte également en arrière pour se distribuer aux parties voisines du manteau et à l'appareil du pourpre.

L'aorte se dirige ensuite en avant en passant sous l'estomac, et ne donne aucune branche avant que d'être parvenue auprès du collier œsophagien. Là, elle fournit deux grosses *artères palliales* qui se dirigent en dehors, puis se recourbent en arrière, et se divisent chacune en deux branches, dont l'une se distribue au pied, l'autre au lobe correspondant du manteau. L'artère palliale gauche naît plus près de la tête que celle du côté opposé; mais le mode de ramification de ces vaisseaux est à peu près le même.

Vers le point où l'aorte est embrassée par le collier œsophagien, il en part une paire d'*artères cervicales* qui se portent directement en dehors, et se divisent en deux branches, dont l'une, après avoir fourni une artériole au ganglion cérébroïde, se distribue au tentacule postérieur correspondant et à la région dorsale du corps, tandis que l'autre se porte en avant et se ramifie dans les parois de la tête et des tentacules frontaux. L'artère cervicale du côté droit est beaucoup plus grosse que celle du côté opposé, et fournit des branches à l'appareil copulateur; elle longe le bord supérieur du sillon génital, et se prolonge jusque dans le voisinage de l'orifice de l'oviducte.

Dans l'intérieur de la tête, l'aorte fournit une artère pharyngienne qui se divise presque immédiatement en trois branches;

(1) Pl. 22, fig. 2, *d*.

deux récurrentes remontent sur les côtés de la masse charnue du pharynx, et se distribuent à toute la portion moyenne et postérieure de cet appareil ; l'autre, impaire, se dirige en avant, et va se ramifier dans le voisinage de la bouche. Enfin, l'aorte, devenue très grêle, continue à se porter en avant, et se bifurque dans l'épaisseur de la lèvre inférieure pour se perdre dans les parties voisines de la tête.

Le sang artériel, distribué ainsi dans toutes les parties du corps, arrive dans un système capillaire très riche et à parois parfaitement distinctes ; mais ces artérioles ne se continuent pas avec un système de tubes récurrents, et se résolvent peu à peu en petites lacunes formées par les interstices, que les brides cellulaires et les fibres des divers tissus laissent entre elles. Ces vacuoles communiquent à leur tour avec une multitude de lacunes plus considérables situées sous les téguments communs, et au milieu des faisceaux musculaires du pied, du manteau, et des autres parties du corps. Il en résulte un vaste système de cavités veineuses occupant l'épaisseur des parois du corps. Dans le pied et dans les lobes du manteau, ces lacunes sont très dilatables, et se prêtent à une grande accumulation du liquide ; dans la région dorsale, elles sont au contraire petites et serrées. Elles constituent le système aquifère de M. Dellechiaje ; mais elles ne communiquent nulle part avec l'extérieur et la membrane imparfaite qui tapisse l'abdomen, et les sépare ainsi de la grande cavité viscérale, ne les clôt pas du côté interne. Cette tunique péritonéale est d'une texture très spongieuse, et présente des pertuis, par lesquels un passage très facile s'établit entre les lacunes sous-cutanées et la cavité viscérale. Aussi en poussant un liquide coloré dans cette dernière chambre, injecte-t-on toujours l'ensemble du système lacunaire, et en introduisant une masse à injection, même très grossière, dans les interstices musculaires du pied ou du manteau, on voit celle-ci se répandre immédiatement dans la cavité abdominale.

Les espaces intermusculaires qui se trouvent sous la peau dans le point où l'opercule vient joindre les lobes du manteau, constituent de chaque côté, mais surtout à gauche, une sorte de canal (1), dont l'extrémité antérieure communique librement avec la cavité abdominale. Les lacunes sus-cutanées de l'opercule et des parties voisines des flancs communiquent également avec ces canaux dépourvus de parois propres; on y voit déboucher aussi les canaux veineux de l'appareil du pourpre. Du côté droit, ce grand conduit contourne en arrière la région operculaire, et, parvenu près de la base de la branchie, se trouve de nouveau en communication avec la cavité abdominale par l'intermédiaire d'un pertuis très large. Enfin, il se continue directement avec le canal creusé dans le bord postérieur de la branchie, et servant à porter le sang veineux dans les feuillets de cet organe. C'est le canal intermusculaire dont il vient d'être question que Cuvier a décrit sous le nom d'*artère branchiale* ou de *veine cave*. On voit qu'effectivement le sang veineux ne peut arriver à la branchie qu'en suivant cette voie, et, à cet égard, les expériences physiologiques sont tout à fait d'accord avec les résultats obtenus par l'investigation anatomique; car toutes les fois qu'on injecte une Aplysie par la cavité abdominale, on voit la matière colorante passer dans le canal sous-operculaire, et pénétrer dans les vaisseaux de la branchie; de même qu'en poussant l'injection dans le vaisseau afférent de l'organe respiratoire, on envoie ce liquide dans le système lacunaire, qui tient lieu de veine cave, et dans la cavité abdominale.

Le canal branchio-cardiaque occupe, comme on le sait, le bord antérieur de la branchie, et communique avec l'oreillette du cœur par un orifice garni de valvules. La disposition générale de ce vaisseau ne présente rien qui n'ait été parfaitement indiqué par Cuvier; mais il est un point relatif à ses connexions avec l'appareil du pourpre, qui me semble avoir échappé à l'attention de ce grand anatomiste, et qui mérite d'être signalé. Effectivement, le tissu spongieux de cet organe est en rapport, d'une part, avec le système veineux général et la cavité abdominale par deux grands vaisseaux lacunaires, et d'autre part avec la

(1) Pl. 22, fig. 3, *h,i*.

branche interne du canal branchio-cardiaque. En fendant celle-ci longitudinalement, on voit bien distinctement les orifices qui donnent dans les lacunes de la substance de la glande, et lorsqu'on injecte le système artériel par le canal branchio-cardiaque, on remplit toujours ces mêmes lacunes qu'il ne faut pas confondre avec les cavités irrégulières, dans lesquelles les produits de la sécrétion s'accumulent. Nous avons déjà vu que cette glande reçoit de l'aorte une artère nourricière, et, par conséquent, il est présumable que les orifices du canal branchio-cardiaque ne sont pas destinés à y conduire une portion du sang artériel qui vient des feuillets branchiaux, et qui se dirige vers le cœur. Il semblerait plus probable que ces ouvertures doivent livrer passage au sang veineux, dont l'appareil du pourpre se remplit par l'intermédiaire des canaux en communication avec la cavité abdominale ou avec le grand canal veineux afférent à la branchie; et s'il en était ainsi, la respiration de l'Aplysie serait imparfaite, tout le sang qui arrive au cœur ne traverserait pas préalablement la branchie, et les artères ne distribueraient aux organes qu'un mélange de sang artériel et de sang veineux. L'analogie est d'ailleurs en faveur de cette hypothèse; car, chez beaucoup d'autres Mollusques, il existe deux voies par lesquelles le sang arrive au cœur: l'une, à travers l'organe respiratoire; l'autre, à travers une portion du manteau ou quelque organe sécréteur.

EXPLICATION DES FIGURES.

PLANCHE 22.

FIG. 2. APLYSIE DÉPILANTE dont le système lacunaire veineux a été injecté en bleu par la cavité abdominale, et le système artériel en rouge. L'opercule a été ouvert, et la coquille enlevée. — *a*, le cœur. — *a'*, troncs veineux du sac de la coquille. — *b*, canal afférent à la branchie. — *c*, canal lacunaire du côté droit de l'opercule. — *d*, artère du sac coquillier. — *e*, lobe anal. — *f.f*, artères des lobes du manteau. — *g*, artère qui se distribue au sillon génital.

FIG. 2. Portion moyenne du même animal grossi et ouvert en dessus — *a*, oreillette du cœur. — *b*, ventricule. — *c*, aorte antérieure. — *d*, artère gastrique. — *e*, artère de la glande du pourpre. — *f*, grand sinus veineux formé par la cavité abdominale. — *g*, canal veineux de l'organe du pourpre : ce canal se voit en *c* dans la figure précédente. — *h*, ouverture par laquelle la cavité abdominale communique avec le grand canal afférent de la branchie. — *i*, ce conduit ouvert dans toute sa longueur. — *j*, l'un des canaux veineux de la glande du pourpre. — *k*, vaisseau branchial afférent. — *l*, vaisseaux branchiaux efférents. *m*, tissu spongieux de l'organe du pourpre rempli de l'injection artérielle, et communiquant avec le tronc branchio-cardiaque interne ; au centre de cet organe, on en voit la cavité excrétoire. — *n*, fenêtre branchio-cardiaque. — *o*, orifice génital. — *p*, anus. — *q*, section des lobes du manteau.

PLANCHE 23.

Aplysie injectée comme dans les préparations précédentes, et ouverte dans toute sa longueur.

A, bulbe pharyngien. — *B*, œsophage. — *C*, l'une des glandes salivaires. — *D*, premier estomac. — *E*, second estomac. — *F*, intestin. — *G*, foie. — *H*, glande ovospermogène (ovaire, Cuvier). — *I*, oviducte. — *J*, glande génitale accessoire (testicule, Cuvier) — *K*, bouche. — *L*, organe en grappe. — *M*, appareil copulateur. — *N*, orifice de cet organe. — *O*, ganglions cérébroïdes. — *P*, branchie. — *Q*, portion de l'opercule. — *a*, oreillette. — *b*, ventricule. — *c*, crête de la crosse aortique. — *d*, aorte antérieure. — *e*, aorte postérieure. — *f*, artère gastrique. — *g*,*g*, artères pédieuses. — *h*,*h*, artères palliales. — *i*, artères cervicales. — *j*, artères pharyngiennes — *k*, artères labiales. — *l*, lacunes veineuses des lobes du manteau. — *m*, lacunes veineuses du pied. — *n*, orifice par lequel la portion postérieure de la cavité abdominale communique directement avec le canal branchial afférent. — *o*, ce canal. — *p*, canal efférent.

SIXIÈME ARTICLE.

De l'appareil circulatoire des Théthys.

Les dissidences d'opinion qui, dans ces dernières années, se sont manifestées entre MM. de Quatrefages et Souleyet au sujet de la constitution de l'appareil circulatoire des Éolidiens, me faisaient désirer de pouvoir étudier le système sanguifère des Théthys ; car ces Mollusques ont évidemment un mode d'organisation très analogue à celle des Éolides, et, à raison de leur grande taille, elles se prêtent bien mieux aux expériences physiologiques. Pendant mon voyage en Sicile, je n'avais pas eu l'occasion d'en observer ; mais étant retourné sur les bords de la Méditerranée l'été dernier, j'en ai trouvé en assez grande abondance tant à

Cette qu'à Gênes, et j'en ai fait une étude attentive; mon compagnon de voyage, M. Blanchard, en a injecté aussi plusieurs, et il est arrivé aux mêmes résultats que moi.

On se rappelle peut-être que, dans ses premières observations sur les Éolides, M. de Quatrefages avait été frappé de la vue de courants de sang dans l'intérieur de la cavité abdominale, et n'ayant pu apercevoir aucune trace de veines proprement dites, il avait admis que, chez ces Mollusques, le système circulatoire était semi-vasculaire, semi-lacunaire; que, du cœur, le sang arrivait à tous les organes par un système d'artère plus ou moins complet; mais que, pour revenir des diverses parties du corps jusque dans le cœur, ce liquide ne trouvait pas de tubes centripètes ou veines, et se répandait dans les interstices des organes, puis dans la cavité abdominale, d'où il passait directement dans le cœur. M. Souleyet pensait, au contraire, que, chez ces Mollusques, le cercle vasculaire est complet, et que les lacunes interstitiaires et la cavité abdominale ne suppléeraient ni en totalité ni en partie à l'absence de veines; que des veines proprement dites ramènent le sang aux appendices branchiaux dont le dos de l'animal est garni, et que de ces organes respiratoires le liquide nourrisseur arrive au cœur par un système de vaisseaux branchio-cardiaques.

D'après l'examen attentif que j'avais fait de cette question, j'ai acquis de bonne heure la conviction que les Éolides ne diffèrent pas essentiellement des autres Mollusques par la disposition de leur appareil circulatoire, et que la vérité se trouve entre les deux opinions extrêmes dont il vient d'être question; que M. de Quatrefages avait eu raison de conclure à l'absence de veines proprement dites pour ramener le sang des diverses parties du corps vers la région dorsale de l'animal, et qu'en admettant avec tous les auteurs l'existence d'un cercle vasculaire complet chez les Mollusques ordinaires, il avait encore raison de considérer l'appareil circulatoire des Éolides comme étant dégradé; mais que cette dégradation n'était pas poussée aussi loin qu'il le supposait, et qu'il existe chez les Éolides, comme chez les autres Gastéropodes, un système de vaisseaux branchio-cardiaques. Les préparations de M. Souleyet, et les injections que j'avais faites moi-même, ne me laissaient aucune incertitude relativement à la présence de canaux branchio-cardiaques parfaitement séparés de la cavité générale du corps ; mais je n'ai rien vu qui soit de nature à faire penser qu'il existe chez les Éolidiens un système de veines proprement dites, c'est-à-dire des tubes à parois propres pour porter le sang des diverses parties de l'économie jusque dans les organes respiratoires. J'ai toujours vu, au contraire, les branchies s'injecter, lorsqu'on poussait un liquide coloré dans la cavité abdominale et dans le système lacunaire général.

Chez les Théthys, de même que chez les Éolides, il existe dans toute la longueur du dos un grand sinus sanguin, qui reçoit à droite et à gauche les vaisseaux efférents des branchies, et qui communique avec le cœur par son extrémité antérieure (1). M. Delle Chiaje a signalé la présence de ce sinus dorsal dans son grand ouvrage sur les animaux sans vertèbres de Naples (2) ; mais, d'après cet anatomiste, il y aurait aussi chez la Théthys un grand réservoir veineux occupant la même position, ne communiquant pas avec l'abdomen, recevant le sang de toutes les parties du corps, et servant à porter ce fluide aux branchies (3). Les résultats de mes dissections ne s'accordent en aucune façon avec l'opinion du célèbre naturaliste de Naples, et tout me porte à croire que c'est un seul et même sinus qu'il aura pris alternativement pour une sorte de veine cave ou une veine branchiale, suivant qu'il l'observait après l'avoir distendu par une injection, et en avoir déchiré les parois, de façon à pénétrer dans le système lacunaire général, ou qu'il l'examinait sans l'injecter, et lorsque les parois en étaient contractées.

Effectivement, je me suis assuré qu'immédiatement sous les téguments, on trouve dans toute la portion du dos occupée par les branchies une vaste cavité qui, étant convenablement injectée, ressemble tout à fait au réservoir dorsal, figuré par

(1) Pl. 24, fig. 1.

(2) *Descrizione e Notomia degli animali invertebrati della Sicilia citeriore*, t. II, p. 36, et pl. 49, fig. 1.

(3) *Loc. cit.*, pl. 48, fig. 1.

M. Delle Chiaje sous le nom de sinus veineux (1) ; mais que cette cavité ne communique pas directement avec les cavités veineuses du reste du corps, et remplit les fonctions d'un *canal branchio-cardiaque;* elle n'est séparée de la chambre viscérale située au-dessous que par une cloison membraneuse, et ne recouvre aucun réservoir veineux qui soit distinct et indépendant de cette dernière cavité. En l'injectant avec précaution, je n'ai jamais vu le liquide coloré en sortir pour pénétrer dans les canaux lacunaires du voile céphalique, comme cela est représenté dans la figure donnée par M. Delle Chiaje, et il m'a paru qu'elle se terminait antérieurement derrière le péricarde où elle communique avec le cœur. La disposition de ce sinus branchio-cardiaque est par conséquent tout à fait la même que celle du vaisseau dorsal, qui a été observé par M. Souleyet chez les Éolides, et qui sert à porter le sang artériel des organes de la respiration au cœur. Les parois en sont imperméables aux injections ordinaires; mais il paraîtrait cependant qu'elles ne sont formées que par un feutrage serré de brides cellulaires et de fibres musculaires : car M. Blanchard, que j'avais prié d'examiner ce point après mon départ de Gênes, a acquis la conviction qu'aucune membrane proprement dite ne la tapisse, et ne la sépare des lacunes voisines; or ce jeune anatomiste est si habile dans l'art des dissections, et observe avec un soin si grand, que j'ai toute confiance dans les résultats de ses investigations. Il en résulte que le sinus branchio-cardiaque des Théthys ne me paraît pas devoir être considéré comme un vaisseau proprement dit, mais ne serait qu'une vaste lacune séparée du système lacunaire général par la densité des tissus d'alentour, et affectée spécialement au transport du sang artériel des branchies au cœur. Sous ce rapport, le système circulatoire des Théthys serait donc plus dégradé que celui d'aucun autre Mollusque gastéropode.

La disposition générale du système artériel est assez bien connue par la description qu'en a donnée M. Delle Chiaje; et, pour

(1) Voyez comparativement la première figure de ma planche 24 et la figure donnée par M. Delle Chiaje, pl. 48.

plus de détails, je me bornerai ici à renvoyer à la figure (1) que j'en ai faite en partie d'après mes propres observations, en partie d'après les préparations que je dois aux soins de M. Blanchard.

Les Théthys que je trouvais vivants dans les filets des pêcheurs au château des Salines, près Cette, et à Gênes, avaient souvent plus de 2 décimètres de long. On pouvait par conséquent les injecter très facilement, et observer de même la constitution des cavités mises en évidence par cette opération. Aussi ai-je acquis promptement la conviction que chez ces Mollusques, de même que chez l'Aplysie, le système veineux est représenté par les lacunes inter-organiques, et ne consiste pas en un appareil vasculaire proprement dit ; seulement ces lacunes, au lieu d'avoir une disposition cellulaire et de donner aux parties qui les renferment un aspect spongieux, sont allongées et flexueuses, de façon que par leur réunion elles constituent une sorte de réseau qu'au premier abord on croirait composé de vaisseaux variqueux unis par des anastomoses fréquentes ; mais lorsqu'on vient à les disséquer, on voit qu'elles ne sont séparées entre elles que par les faisceaux musculaires et des trabécules fibreuses ou cellulaires : nulle part je n'ai pu découvrir la moindre trace d'une tunique propre.

Ce réseau veineux, qui se trouve dans l'épaisseur du grand voile céphalique, des tentacules, du manteau et du pied, n'a pas échappé aux investigations de M. Delle Chiaje ; mais cet anatomiste ne me semble pas en avoir reconnu la véritable nature. Ce système, en effet, n'est pas autre chose que son appareil aquifère, et au lieu d'aller déboucher dans un sinus dorsal distinct, d'où naîtraient les vaisseaux afférents aux branchies, il communique librement avec la cavité abdominale, et se continue sans interruption avec les canaux veineux des organes respirateurs. On l'injecte, quel que soit le point par lequel on pique la peau de l'animal pour y introduire la canule, et on voit le liquide s'avancer d'abord dans les canaux flexueux sous-cutanés, puis se répandre dans la cavité abdominale, et remplir les vaisseaux des branchies. L'ensemble du système veineux s'injecte avec la même facilité,

(1) Voyez Pl. 24, fig. 2.

lorsqu'on introduit la masse colorée dans la cavité abdominale, et si, après en avoir agi de la sorte, on ouvre cette chambre viscérale, on distingue à l'œil nu les nombreux méats intertrabéculaires par lesquels la communication s'établit entre son intérieur et le système lacunaire d'alentour. Les viscères ont une tunique comparable au péritoine des animaux à organisation plus parfaite ; mais les parois de la cavité abdominale ne sont pas tapissées d'une membrane continue, et offrent une texture spongieuse (1).

Les lacunes qui se trouvent de chaque côté du grand sinus branchio-cardiaque, et qui sont situées par conséquent à la base des branchies, sont plus vastes que celles des parties terminales du système veineux, mais ne constituent pas un réservoir particulier, et les grands canaux qui y aboutissent en venant du voile ou du pied, tout en ayant plus de régularité que le réseau lacunaire sous-cutané, ne méritent pas davantage le nom de veines, car ce ne sont pas des vaisseaux proprement dits. Enfin il ne peut y avoir aucune incertitude quant au rôle physiologique de ce système lacunaire dans l'acte de la circulation ; car, ainsi que l'avait constaté M. Delle Chiaje, on parvient aisément à faire passer des fluides du canal veineux creusé dans la branchie, et en continuité avec les méats sous-cutanés, jusque dans les canaux efférents et dans le sinus branchio-cardiaque.

D'après tous ces faits, il me paraît évident que l'appareil circulatoire des Théthys a une grande analogie avec celui des Aplysies ; la principale différence me semble résulter du développement considérable et de la position médio-dorsale du canal branchio-cardiaque qui, chez l'Aplysie, est rejeté à droite et n'occupe que peu d'espace, tandis qu'ici il se prolonge dans toute la longueur du dos, et s'étend d'une série branchiale à l'autre. C'est une disposition analogue qui existe chez les Eolidiens, et on doit admettre que chez tous ces Mollusques, c'est-à-dire chez les Théthys et les Eolides, de même que chez les Aplysies, le cercle circulatoire est moins complet que chez les Céphalopodes ; qu'il n'y a que peu ou point de veines proprement dites pour ramener le sang

(1) Pl. 24, fig. 2.

des divers organes vers les branchies, et qu'un système de lacunes plus ou moins canaliculaires en tient lieu ; que la cavité abdominale remplit le rôle d'un réservoir veineux, et que c'est sur le trajet suivi par le sang artériel seulement qu'on trouve des vaisseaux proprement dits ou, en d'autres mots, des tubes membraneux à parois indépendantes des parties voisines. Un vice de nomenclature pourrait jeter quelque confusion dans l'énoncé de ces résultats, si l'on voulait appliquer à la description des Mollusques les noms employés en anatomie humaine, car on pourrait dire alors que les Théthys, les Eolides et les Aplysies, sont pourvues de *veines*, puisqu'ils possèdent des vaisseaux branchio-cardiaques, lesquels correspondent physiologiquement aux vaisseaux qui portent le sang artériel des poumons au cœur, et qui, chez l'Homme, sont appelés *veines pulmonaires ;* mais cette désignation ne tendrait qu'à donner des idées fausses, il vaut mieux réserver ici le nom de *système veineux* pour la portion du cercle circulatoire qui renferme le sang veineux. C'est dans ce sens que je l'ai toujours employé lorsque je disais que, chez les Crustacés, les veines manquent complétement et sont remplacées par des lacunes ; et, en parlant de la dégradation du système veineux chez les Mollusques, je n'ai jamais entendu comprendre dans ce système les parties destinées au transport du sang artériel.

Ainsi, pour résumer en quelques mots mon opinion touchant la constitution de l'appareil circulatoire chez les Gastéropodes dont il vient d'être question, je dirai que le système vasculaire est incomplet ; que des vaisseaux branchio-cardiaques conduisent le sang artériel des organes de la respiration au cœur ; que des artères proprement dites distribuent ensuite ce liquide dans toutes les parties du corps, et que c'est essentiellement par l'intermédiaire des lacunes ou espaces inter-organiques que le sang veineux circule dans l'économie et arrive aux branchies.

Dans les Eolides, le sinus branchio-cardiaque est beaucoup plus étroit que chez les Théthys, et les canaux efférents des branchies qui y apportent le sang artériel sont beaucoup plus longs ; ces canaux marchent transversalement, de chaque côté du corps, et ont pour racines les vaisseaux appartenant à toute une rangée d'appendices branchiaux. Cela leur donne un aspect très particulier, mais ne constitue aucune différence importante. J'ajouterai aussi que l'appareil circulatoire des Doris me paraît être constitué d'après le même plan général ; seulement le sinus branchio-cardiaque, refoulé vers la partie postérieure du corps, est très court et entoure l'anus, où les branchies forment, comme on le sait, une sorte de couronne.

EXPLICATION DES FIGURES.

PLANCHE 24.

Fig. 1. Théthys dont le système veineux a été injecté en bleu par la cavité abdominale et le sinus branchio-cardiaque, ainsi que les vaisseaux branchiaux efférents et les artères en rouge.

A,A, le voile céphalique — *B*, le pied. — *C,C*, les branchies — *a*, sinus branchio-cardiaque. — *b*, vaisseaux branchiaux efférents, longeant les vaisseaux afférents.

Fig. 2. Théthys vu en dessous et ouvert, pour montrer les communications de la cavité abdominale avec le système lacunaire général.

A,A, voile céphalique.— *B*, pied. — *C*, bouche. — *D*, estomac.— *E*, foie. — *F*, intestin. — *G*, organes génitaux. — *H*, pénis. — *a*, l'aorte, qui, aussitôt après son origine, passe sous l'estomac, et se dirige en avant pour aller se terminer dans la portion inférieure du voile céphalique (*b*) : la portion dorsale de ce voile présente deux couches de vaisseaux artériels; les artères du feuillet inférieur sont représentées ici en *c* ; celles du feuillet supérieur se voient dans la figure précédente. L'aorte donne aussi naissance à la grande artère pédieuse (*c'*), dont les branches se dirigent à droite et à gauche, et se voient à la face inférieure du pied (*d,d*).

ARTICLE SEPTIÈME.

De l'appareil circulatoire du Colimaçon.

Dans le Colimaçon, l'appareil de la circulation est beaucoup moins incomplet que chez les divers Gastéropodes dont il vient d'être question ; mais je ne connais aucun animal de cette classe chez lequel il soit plus facile de prouver que le système veineux est formé en grande partie par des lacunes, et que la cavité abdominale remplit les fonctions d'un vaste réservoir sanguin. En effet, lorsqu'on pousse un liquide coloré dans la chambre viscérale, on le voit pénétrer non seulement dans le système lacunaire général, mais aussi dans une multitude de vaisseaux plus ou moins complets qui sont destinés à transporter le sang veineux; et quand on fait l'injection par un de ces troncs vasculaires, on voit le liquide coloré s'épancher aussitôt dans l'abdomen (1).

La chambre viscérale est divisée en deux parties par des cloisons membraneuses imparfaites; dans la première qui occupe la tête, et s'étend en arrière jusqu'au niveau du bord postérieur du manteau et au péricarde, les organes flottent librement, et les parois sont très extensibles; aussi cette cavité peut-elle recevoir une quantité très considérable de liquide, et, dans les circonstances ordinaires, remplit-elle les fonctions d'un grand sinus veineux. Dans toute la portion postérieure de l'abdomen (celle qui constitue le tortillon), les téguments sont serrés autour de la masse viscérale, et ce n'est guère que dans les espaces que les lobules du foie laissent entre eux ou autour du tube digestif que le sang veineux peut s'accumuler en quantité un peu considérable; or, ces lacunes, par leur forme et leur disposition, simulent tout à fait des vaisseaux, et on comprend que, pour les transformer en veines proprement dites, il suffirait du développement d'une couche de tissu cellulaire condensé autour du canal parcouru par le courant circulatoire. Là, où les lobules et les granulations du foie limitent ces espaces, le canal veineux se ramifie à mesure qu'il s'éloigne du bord de l'organe, et finit par se résoudre en une multitude de canalicules comparables à un réseau capillaire. Dans quelques points, les parois de la cavité générale se replient, de façon à former une gouttière qui fait également office de tronc veineux; ainsi un canal de ce genre règne tout le long du côté droit du tortillon, et un grand nombre de canaux interlobulaires viennent y aboutir, comme le feraient les racines d'une veine sur un tronc commun (2). Mais tous ces conduits sont des lacunes plutôt que des tubes vasculaires; ils n'ont pas de tuniques propres, et ne sont limités que par les tissus d'alentour.

(1) Pl. 20, fig. 1, et pl. 21, fig. 1.
(2) Pl. 21, fig. 1, *d, d*.

Plusieurs canaux veineux de moyenne grandeur formés par les espaces inter-lobulaires du foie débouchent dans le sinus abdominal commun du côté gauche sous le ventricule du cœur ; d'autres lacunes de forme irrégulière entourent le tube digestif, et viennent également s'ouvrir vers le fond de la portion libre de la chambre viscérale ; enfin, le canal veineux du tortillon dont il a déjà été question communique largement avec ce réservoir commun par des pertuis situés du côté droit de la cavité abdominale, près du point où l'intestin se relève pour gagner la voûte de la chambre pulmonaire. Mais ce canal veineux ne se termine pas dans le sinus avec lequel il s'anastomose de la sorte, et se continue sur la paroi de la chambre pulmonaire où on le voit suivre le bord supérieur de l'intestin jusque dans le voisinage de l'anus. Un autre canal veineux longe le bord inférieur du même intestin, et vient se réunir au précédent vers le point où celui-ci communique librement avec la cavité abdominale. Le canal veineux sous-intestinal s'anastomose aussi avec cette cavité par l'intermédiaire de lacunes situées dans l'épaisseur du manteau, et de pertuis qui sont très visibles à la face interne des parois de l'abdomen dans la région correspondante au pneumostome (1). Enfin, vers la partie la plus reculée de la chambre abdominale antérieure, le grand sinus formé par cette cavité communique du côté gauche avec un canal qui est creusé dans le bourrelet marginal du manteau, et qui contourne la partie antérieure de la chambre pulmonaire. Ce canal veineux communique librement avec les interstices lacunaires du tissu circonvoisin, et, en l'injectant, on détermine un état de turgescence dans le bord du manteau et dans tout le pourtour de l'orifice respiratoire ; mais ce qu'il présente de plus remarquable, c'est la continuité qui existe entre sa cavité imparfaitement circonscrite et les vaisseaux bien définis de la voûte pulmonaire (2). Effectivement, c'est de ce canal veineux palléal que naissent les principaux troncs vasculaires destinés à porter le sang veineux à l'organe respiratoire. Ces vaisseaux se portent d'avant en arrière, et un peu de gauche à droite, en marchant

(1) Pl. 20, fig. 2, *b*.
(2) Pl. 22, fig. 1.

parallèlement entre eux, et donnent à droite et à gauche une multitude de branches, dont les ramifications entrent dans la composition du lacis pulmonaire. D'autres vaisseaux afférents moins importants, mais beaucoup plus nombreux, naissent du canal veineux, dont nous avons déjà indiqué l'existence le long du bord supérieur de toute la portion terminale de l'intestin. Ces derniers se dirigent transversalement de bas en haut et de droite à gauche, et occupent tout le côté droit de la voûte pulmonaire.

Ainsi, le sang veineux arrive dans le réseau pulmonaire par deux routes différentes, et les canaux qui l'y apportent le reçoivent en totalité ou en partie de la cavité abdominale; ce ne sont pas des vaisseaux proprement dits qui s'anastomoseraient avec la chambre viscérale, comme le font les veines caves du Poulpe, mais des conduits pratiqués dans la substance du bord du manteau ou dans l'espace compris entre la peau, l'intestin et la tunique pulmonaire, et limités seulement par des trabicules, dont l'assemblage constitue un tissu aréolaire plus ou moins serré et perméable au sang. Il y a donc une grande analogie entre ces canaux afférents au poumon et les conduits qui, chez l'Aplysie, naissent de la cavité abdominale, contournent l'opercule, et vont déboucher dans la branchie.

Les vaisseaux afférents qui reçoivent le sang artériel du réseau pulmonaire et le portent au cœur naissent entre les diverses branches et ramuscules des vaisseaux afférents, mais marchent en sens contraire, et vont se réunir en deux troncs principaux, dont l'un correspond à la portion de la voûte occupée par les divisions du conduit afférent creusé dans le bord du manteau, et l'autre est en connexion avec les ramifications du canal veineux sus-intestinal (1). Ces deux vaisseaux se réunissent vers les deux tiers postérieurs de la voûte pulmonaire, et le tronc commun ainsi formé continue à se porter en arrière et à gauche pour aller se terminer dans l'oreillette du cœur.

Ici encore il existe une disposition qui rappelle ce que nous avons vu chez l'Aplysie. Le tronc pulmo-cardiaque ne reçoit pas

(1) Pl. 20, fig. 1, *f*.

seulement des branches du réseau respiratoire ; près du point où il pénètre dans le péricarde, on y voit déboucher un vaisseau assez considérable, dont les branches se ramifient en grand nombre dans la substance de la glande urinaire qui occupe la partie supérieure et postérieure de la voûte pulmonaire (1). Cet appareil sécréteur reçoit aussi des artères venant de l'aorte (2), et plusieurs vaisseaux afférents y apportent du sang artériel du réseau respiratoire. Il semblerait donc y avoir ici une espèce de système portal artériel comparable au système lacunaire de la glande du pourpre chez l'Aplysie, mais d'une structure beaucoup plus parfaite ; et, suivant toute probabilité, le sang qui arrive au cœur est un mélange de sang artériel venant directement de l'organe respiratoire, et de sang qui a déjà servi à l'entretien du travail sécréteur dont l'appareil rénal est le siège.

Quant à la disposition du système artériel, je n'ai observé rien de remarquable, et pour en donner une idée exacte, il me suffira, je pense, de renvoyer aux figures que j'en donne dans l'atlas de mon voyage (1). J'ajouterai seulement ici que l'oreillette est située au-devant du ventricule, et que l'aorte naît de l'extrémité postérieure de ce dernier organe du côté gauche, disposition sur laquelle j'aurai l'occasion de revenir dans une autre occasion.

EXPLICATION DES FIGURES.

PLANCHE 20.

Fig. 1. Colimaçon dont le système artériel a été injecté en rouge par le vaisseau pulmo-cardiaque, et le système veineux en bleu par la cavité abdominale. La chambre pulmonaire est ouverte.

a, plancher de la chambre respiratoire, soulevé par l'injection dont la cavité abdominale est remplie. — *b*, canal veineux sous-intestinal. — *c*, canal veineux venant de la cavité abdominale, et longeant le bord antérieur du manteau. — *d*, système de lacunes veineuses occupant le bord du manteau. — *e*, vaisseaux pulmonaires afférents. — *f*, vaisseaux pulmonaires efférents. — *g*, oreillette. — *h*, ventricule.

(1) Pl. 20, fig. 2, *h*, et pl. 21, fig. 2, *n*.

(2) Pl. 20, fig. 2, *m*.

Fig. 2. Dans cette préparation, l'injection a été faite comme dans la précédente.

a, cavité abdominale ouverte dans toute sa longueur. — *b*, pertuis par lesquels le sang passe de cette cavité dans le système lacunaire du bord du manteau, sous le pneumostome. — *c,d*, canal veineux sous-intestinal. — *f*, portion du réseau pulmonaire. — *g*, vaisseau pulmonaire efférent.— *h*, vaisseaux qui naissent de la glande urinaire, et débouchent dans le vaisseau pulmonaire efférent.— *i*, oreillette.— *j*, ventricule.— *k*, origine de l'aorte.— *m*, branche de l'artère gastrique allant se distribuer au foie, au rectum, à la glande urinaire, etc. — *n*, branches de la même artère se ramifiant sur l'estomac. — *o*, artère aorte postérieure. — *p*, aorte antérieure.

A, voûte de la chambre pulmonaire.— *A'*,*A''*, bord du manteau.—*B*, rectum. — *C*, canal urinaire. — *D*, glande urinaire. — *E*, estomac. — *F*, foie. — *G*, glande ovospermagène (ovaire, Cuvier).—*H*, première portion du canal génital commun (oviducte, Cuvier). — *I*, glande accessoire de l'oviducte (testicule, Cuvier). — *J*, portion terminale de l'oviducte, portant l'artère génitale. — *K*, appareil copulateur. — *L*, glandes multifides.

PLANCHE 21.

Fig. 1. Colimaçon injecté comme dans les préparations précédentes, et vu du côté droit.

a, l'oreillette. — *b*, vaisseau pulmonaire efférent.— *c*, vaisseau pulmonaire afférent.—*d*, canal veineux du tortillon. — *e*, anastomose de ce canal avec la cavité abdominale et avec le canal sus-intestinal (*f*), dont les branches se distribuent au réseau pulmonaire. — *g*, veine sous-intestinale.

A, poumon. — *B*, pied. — *C*, pneumostome. — *D*, appareil urinaire. — *E*, masse viscérale.

Fig. 2. Système artériel du Colimaçon.

a, l'oreillette. — *b*, ventricule. — *c*, origine de l'aorte. — *c'*, aorte antérieure. — *d*, aorte postérieure. — *d'*, artère gastrique. — *e,e*, artères musculaires. — *f*, artère salivaire. — *g*, artère pédieuse.— *h* artère du plancher pulmonaire. — *i*, artère génitale antérieure

A. bulbe charnu de la bouche. — *B*, premier estomac. — *B'*, glandes salivaires. — *C*, second estomac. — *D*, intestin coupé dans le point où il contourne l'aorte et se recourbe sous le cœur. — *D'*, suite de l'intestin.—*E*, rectum. — *F*, foie. — *G*, glandes génitales. — *I*, vésicule copulatrice (vessie à long col, Cuvier) —*J*, glandes multifides.—*K*, vestibule génital.—*K'*, poche du dard. — *L*, canal éjaculateur. — *M*, appendice vermiforme du pénis. — *N*, pénis.—*N'*, son muscle rétracteur. — *O*, ganglions cérébroïdes.—*P*, poumon. — *Q*,*Q*, muscles rétracteurs des tentacules.

PLANCHE 22.

Fig. 1. Portion de la voûte pulmonaire grossie beaucoup plus, pour montrer la disposition des sinus lacuneux qui conduisent le sang veineux aux vaisseaux du poumon. — *a*, section de l'intestin rectum. — *b*, canal urinaire. — *c*, canal veineux sous-intestinal — *d*, orifices servant à conduire le sang de cette veine dans les lacunes (*e*) qui entourent l'intestin, et qui donnent naissance aux vaisseaux pulmonaires afférents (*f*,*f*). — *g*,*g*, vaisseaux efférents.

ARTICLE HUITIÈME.

Système circulatoire du Triton.

La disposition générale de l'appareil circulatoire du grand Triton de la Méditerranée ressemble beaucoup à ce que nous venons de voir chez le Colimaçon.

Le vaisseau qui porte le sang artériel au cœur, et qui correspond par conséquent à la veine pulmonaire du Colimaçon, longe le bord gauche ou externe de la branchie, et, en traversant le péricarde pour déboucher dans l'oreillette, s'anastomose avec un gros tronc vasculaire, dont les branches se distribuent dans l'épaisseur d'un organe glandulaire situé en avant et à droite de cette poche membraneuse, et paraissant être l'analogue de la glande urinaire du Colimaçon. Le vaisseau branchio-cardiaque communique aussi avec quelques veines du manteau, et par conséquent ici, de même que chez les autres Gastéropodes dont il a déjà été question, la respiration branchiale n'est pas complète, c'est-à-dire n'agit pas sur la totalité du sang reçu par le cœur.

Le système artériel (1) n'offre rien de remarquable ; l'aorte se divise immédiatement en deux troncs, et constitue ainsi une *aorte postérieure* qui se prolonge jusqu'au sommet du tortillon, et donne des branches à l'intestin, au foie, etc., et une *aorte antérieure* qui est d'un calibre plus gros, et qui se termine dans la tête après avoir envoyé des rameaux à l'estomac, au manteau et au pied.

La chambre viscérale remplit les fonctions d'un grand sinus veineux, et lorsqu'on y pousse un liquide coloré, on voit s'injecter aussitôt un système de vaisseaux fort remarquables qui se rami-

(1) Pl. 27.

tient sur les plis foliacés des deux grands organes sécréteurs situés derrière la chambre respiratoire, et appelés par Cuvier *organe de la viscosité* (1). Les orifices de ces vaisseaux sont béants sur la paroi droite de la cavité abdominale, tout près du cœur, et leurs branches forment, sur la surface libre interne des organes auxquels ils se distribuent, des arborisations d'une grande élégance. Dans le voisinage de ces ouvertures, on distingue aussi un pertuis, par lequel la cavité abdominale communique avec un canal veineux qui longe le bord inférieur de l'oviducte dans toute la longueur de la voûte branchiale, et qui s'anastomose de chaque côté avec une multitude de canalicules flexueux, ou plutôt de lacunes creusées dans l'épaisseur du manteau.

Un autre canal veineux longe le bord supérieur de l'oviducte, et se trouve compris entre cet organe et le bord inférieur du rectum ; il communique avec le réseau lacunaire voisin ; mais, en arrière, il naît principalement d'un système de conduits imparfaits situés sous la peau, et appartenant au grand organe glandulaire, que nous avons déjà vu recevoir du sang directement de la cavité abdominale. Enfin ce grand vaisseau sous-intestinal donne naissance soit directement, soit par l'intermédiaire des lacunes sous-tégumentaires dont le rectum est entouré, à un grand nombre de branches qui traversent la voûte de la cavité branchiale, et forment dans les plis sécréteurs de la mucosité un réseau capillaire extrêmement riche, mais lacunaire plutôt que vasculaire, dont la portion marginale débouche à gauche dans le canal afférent à la branchie. Aussi, lorsqu'on injecte la portion veineuse de la branchie, on remplit ce réseau, dans lequel on arrive aussi très facilement en poussant le liquide coloré par le canal veineux sous-intestinal.

(1) Cet appareil, dont la disposition est très remarquable, n'a pas été suffisamment étudié, et ne me paraît pas avoir les usages que Cuvier semble y attacher. Il ressemble un peu aux corps spongieux dont les grosses veines des Céphalopodes sont garnies, et adhère aux parois d'une cavité membraneuse qui, à son tour, communique avec le fond de la chambre branchiale par un orifice très grand. C'est à la paroi cardiaque de cette cavité post-branchiale que débouchent les vacuoles caverneux de la glande urinaire.

EXPLICATION DES FIGURES.

PLANCHE 25.

Appareil circulatoire du TRITON. Le système veineux a été injecté par la cavité abdominale.

a,a, tête. — *b*, pied. — *c*, opercule — *d,d*, bord antérieur du manteau — *e*, voûte de la cavité branchiale. — *f*, plancher de la même cavité. — *g*, tortillon. — *h*, trompe. — *i*, estomac. — *i'*, intestin. — *j*, anus. — *k*, glandes salivaires. — *l*, branchie principale. — *m*, foie — *n*, organes génitaux. — *n'*, oviducte. — *o*, portion de la cloison postérieure de la cavité branchiale, montrant l'ouverture du réservoir urinaire. — *o',o'*, glandes urinaires. — *p*, oreillette du cœur. — *q*, ventricule. — *r*, aorte antérieure. — *s*, aorte postérieure. — *s'*, artère intestinale. —*s''*, artère viscérale. — *t,t*, canaux veineux du tortillon.

ARTICLE NEUVIÈME.

De l'appareil circulatoire de la Pinne marine.

La disposition générale du système artériel de la Pinne marine est assez bien connue par la description qu'en a donnée Poli (1). Cet anatomiste a représenté aussi les canaux qui distribuent le sang veineux aux branchies ; mais il n'a rien spécifié quant à la route suivie par ce liquide pour arriver aux diverses parties du corps jusqu'à la base des organes respiratoires.

Les injections poussées dans la chambre viscérale m'ont fait voir que le sang doit arriver aux branchies par deux voies principales ; en effet, l'espèce de rigole qui règne le long de la base de la portion libre du manteau, depuis l'extrémité antérieure du corps jusque vers le point d'insertion des tentacules labiaux, et qui communique avec l'abdomen ainsi qu'avec les lacunes interstitiaires du manteau et du pied, se continue postérieurement avec le tronc afférent interne de la branchie correspondante (2), et une communication analogue existe entre le tronc afférent in-

(1) *Testacea utriusque Siciliæ eorumque Historia et Anatome*, t. II, p. 243. tab. XXXIX.

(2) Pl, 28, *i*.

terne et la portion voisine du système lacunaire du pied, tandis que le tronc médian, qui se remarque dans la portion postérieure de chaque paquet branchial, naît de l'extrémité opposée de la cavité abdominale, sous le bord antérieur du grand muscle adducteur des valves (*H*). On remarque dans ce point une espèce de sinus où viennent aboutir des conduits veineux qui longent le bord inférieur de l'estomac, ainsi que des veines à parois incomplètes qui prennent naissance dans les organes glandulaires, de couleur brun-foncé (*M*), situées entre le viscère dont il vient d'être question et l'ovaire. D'autres canaux qui débouchent dans la cavité abdominale sous les muscles rétracteurs du pied (*K*), et qui se remplissent lorsqu'on pousse l'injection dans le système lacunaire général, se ramifient sur les mêmes glandes, et semblent devoir y établir une sorte de circulation portale. On distingue aussi entre les lobules du foie et de l'ovaire des canaux veineux qui offrent une disposition rameuse, mais qui sont des espaces inter-organiques plutôt que des vaisseaux proprement dits; de sorte que, dans toute la portion abdominale du corps, la circulation du sang veineux paraît se faire de la même manière que chez les Gastéropodes.

Dans le manteau, le réseau capillaire m'a paru être également lacunaire; mais les gros conduits (*f*), à l'aide desquels le fluide nourricier revient de cet organe vers le cœur, sont des veines bien formées, et il est à noter que ces vaisseaux, au lieu de communiquer avec le système veineux général, vont s'anastomoser avec les canaux branchio-cardiaques (*f*), disposition qui est tout à fait analogue à celle que nous avons signalée chez les Haliotides, etc. Ainsi, le sang qui arrive au cœur vient en partie des organes spéciaux de la respiration, en partie du manteau, et ne serait qu'un mélange de sang veineux et de sang artériel, si ce dernier organe n'était susceptible de remplir les fonctions d'une branchie accessoire; mais le manteau présente toutes les conditions nécessaires pour jouer ce rôle, et le sang artériel qui y est distribué par les artères palléales, au lieu de retourner au cœur chargé d'acide carbonique, doit s'être oxigéné d'une manière plus complète en traversant le réseau capillaire de ces grands voiles membraneux.

Cette disposition de l'appareil circulatoire nous explique aussi comment les branchies peuvent manquer chez les Acéphales brachiopodes, et le manteau devenir le principal organe de la respiration, sans que cette particularité entraîne aucune modification profonde dans le reste de l'organisation de ces Mollusques. Chez les Pinnes, et probablement chez tous les Lamellibranches, il existe des communications directes entre le système lacunaire général et le réseau capillaire des branchies et du manteau ; là le sang reçoit le contact de l'eau aérée, et deux systèmes de canaux, qui ne tardent pas à se réunir, le reportent de ce double appareil respiratoire jusqu'au canal aortique. Chez les Brachiopodes, le canal branchio-cardiaque perd l'une de ses racines par la disparition des branchies proprement dites, et ne reçoit le sang que par l'intermédiaire du tronc palléal, dont le rôle est accessoire chez les Acéphales d'une organisation plus élevée.

Mes recherches sur la structure de l'appareil circulatoire des Pinnes marines n'ayant pas été poussées aussi loin que je l'aurais désiré, je ne m'arrêterai pas davantage sur l'anatomie de ces Mollusques. J'espère avoir bientôt l'occasion de compléter mes observations sur ce point ; et s'il en est ainsi, j'y reviendrai lorsque je traiterai des organes de la circulation des Mactres, des Pectens et des autres Acéphales, sujet dont je m'occuperai dans un prochain Mémoire.

EXPLICATION DES FIGURES.

PLANCHE 28.

Une PINNE MARINE représentée aux deux tiers de la grandeur naturelle et ouverte, pour mettre à découvert les principaux organes. Les vaisseaux efférents de l'appareil branchial, le cœur et les artères, ont été injectés en rouge, tandis que le système lacunaire général et les vaisseaux afférents des branchies qui en tirent leur origine ont été remplis avec du bleu, par l'intermédiaire de la cavité abdominale.

A, la bouche. — *B*, le pied. — *C*, l'appendice digitiforme du pied. — *D*, le byssus. — *E*, les tentacules labiaux. — *F*,*F*, les branchies : celles du côté droit sont en place ; celles du côté opposé sont divisées près de leur extrémité antérieure, et rejetées en dessus. — *G,G*, le manteau, dont le lobe gauche est en grande partie détaché du corps et rejeté en dessus.— *H*, muscle adducteur postérieur.—*I*, premier estomac recouvert par le foie.—*J*, ovaire.—*K*, muscles rétracteurs du pied.—*L*, anus, surmonté par l'appendice érectile que Poli désigne sous le nom de *trachée*.—*M*, l'une des glandes brunes qui remplissent probablement les fonctions d'un appareil urinaire, et qui sont considérées par Poli comme les organes sécréteurs de la matière calcaire. Entre cet organe et la branchie, on voit le second estomac.

a, le ventricule aortique.

a', portion antérieure de ce ventricule embrassant l'intestin rectum, et constituant les deux racines de l'artère aorte antérieure.

b, l'une des oreillettes, rejetée en dessus ; l'autre oreillette se voit dans sa position naturelle, du côté opposé au ventricule.

c, l'un des canaux branchio-cardiaques ; l'autre se voit en place, au devant du muscle *H*.

d, artère aorte antérieure.

e, artère aorte postérieure.

f,f, veines palléales allant déboucher dans les canaux branchio-cardiaques en *g*.

h,h, vaisseaux afférents des branchies.

i, l'un des canaux de communication entre ces derniers vaisseaux et le système lacunaire général de l'abdomen.

MÉMOIRE

SUR LA

DÉGRADATION DES ORGANES DE LA CIRCULATION

CHEZ

LES PATELLES ET LES HALIOTIDES.

Lu à l'Académie des Sciences, le 24 août 1846.

—

Dans diverses occasions, j'ai cherché à montrer que l'ordre d'apparition des principaux appareils varie chez les animaux appartenant à des types essentiellement différents, et qu'il existe une relation intime entre l'ancienneté d'une partie dans l'organisme naissant, et l'importance des caractères zoologiques que cette partie peut fournir.

En rendant compte des recherches que j'avais entreprises sur les animaux marins des côtes de la Sicile, j'ai insisté également sur la formation tardive du cœur chez les Mollusques; et, si l'on applique à ce cas particulier la règle générale que je viens de rappeler, on est naturellement conduit à penser que, dans cette grande division du règne animal, l'appareil de la circulation ne peut avoir la même importance que chez les Vertébrés, où le cœur entre en fonction dans les premiers temps de la vie embryonnaire.

Or, dès qu'un organe ou un appareil perd son importance physiologique, il perd aussi la fixité de structure que l'on rencontre toujours dans les parties dont le rôle est prédominant, et il ne tarde pas à présenter des indices de dégradation anatomique.

Il en résulte que, dans l'embranchement des Mollusques, les instruments affectés au service de l'irrigation nutritive ne doivent pas offrir, dans leur mode de constitution, l'invariabilité qui se reconnaît chez les animaux supérieurs, et que, quel que soit le degré de perfection auquel cet appareil arrive dans certaines espèces, on doit s'attendre à le voir se dégrader chez d'autres, sans que cette dégradation entraîne nécessairement à sa suite des modifications profondes dans le plan général de l'organisme.

Ces déductions cadraient cependant mal avec les opinions généralement reçues touchant la circulation du sang chez les Mollusques. On s'accordait à admettre que chez tous ces animaux l'appareil circulatoire était complet, et consistait en un cercle non interrompu de tubes membraneux formés par des artères et des veines, dont la disposition anatomique n'offrait d'ailleurs que des modifications secondaires.

Dans un travail présenté à l'Académie il y a sept ans, j'avais montré, il est vrai, que, chez les Ascidies, il n'existe de vaisseaux que dans les portions tégumentaire et branchiale du corps, et que, dans la région abdominale, le sang circule à travers les lacunes ou espaces laissés entre les divers organes. Peu de temps après, j'ai constaté chez les Biphores une dégradation semblable de l'appareil vasculaire, et, à une époque plus récente, M. de Quatrefages a observé un fait analogue chez les Éolidiens. Mais les Tuniciers s'éloignent tant des Mollusques ordinaires, qu'on avait cru pouvoir ne pas en tenir compte, et beaucoup de naturalistes se refusaient à admettre le fait anormal annoncé par M. de Quatrefages; de sorte qu'on persistait à penser que tous les Mollusques possèdent un appareil vasculaire complet; au commencement de l'année dernière encore, un jeune zoologiste, qui s'est présenté ici comme le champion des idées anciennes, a cru pouvoir poser en principe l'impossibilité de la disparition, soit complète, soit partielle, des organes de la circulation chez un Gastéropode quelconque (1).

Un pareil désaccord entre la théorie et les faits aurait puissamment infirmé les vues que je viens de rappeler; mais les recherches dont j'ai eu l'honneur d'entretenir l'Académie en février 1845,

(1) Voyez les conclusions du Mémoire de M. Souleyet, inséré dans les *Comptes-rendus* pour 1844, tome XX, page 96.

et celles entreprises peu de temps après par M. Valenciennes et moi, les observations de M. Nordmann sur les Tergipes, et celles de M. Owen sur les Térébratules, enfin divers faits isolés, dont la science avait été précédemment enrichie par Cuvier, M. Gaspard, M. Van Beneden, M. Valenciennes, M. Dellechiaje et M. Pouchet, et dont la signification est devenue manifeste aujourd'hui, ont dû suffire, je pense, pour montrer de quel côté est la vérité. En effet, il est maintenant bien démontré, non seulement que la dégradation de l'appareil circulatoire n'est pas une condition incompatible avec le plan d'organisation des Mollusques, mais que c'est l'état normal du système vasculaire dans cette grande division du règne animal. Dans tous les Mollusques dont la structure nous est connue, les vaisseaux sanguins manquent en partie, et une portion plus ou moins considérable du cercle circulatoire se trouve constituée par de simples lacunes. Dans chacune des classes de cet embranchement, l'appareil vasculaire se dégrade ainsi à divers degrés, et l'on sait, à ne pas en douter, qu'il existe à cet égard des différences considérables chez des animaux dont l'organisation est d'ailleurs tout à fait analogue.

Il me paraîtrait donc inutile d'insister davantage sur ce point; mais les zoologistes ont dû remarquer que toutes les grandes modifications dépendantes de la dégradation de l'appareil circulatoire chez les Mollusques dont il a été question jusqu'ici, portent sur le système des cavités veineuses, et, d'après l'ensemble des faits observés jusqu'à ce jour, on pouvait croire que, chez tous les Mollusques proprement dits, il existe un système artériel complet.

Si la théorie de la formation des vaisseaux sanguins à l'aide de lacunes dont les parois se régularisent et se revêtent d'une tunique propre sous l'influence excitante du liquide en mouvement, est exacte, les artères doivent, en effet, se constituer avant les veines, et, cela étant, elles doivent aussi, conformément aux principes dont il a été question dans les premières lignes de cet écrit, offrir, dans leur disposition anatomique, plus de fixité. Mais chez les Gastéropodes, où l'organisme tout entier peut se constituer avant que le cœur n entre en fonctions, les artères, dont la formation est probablement tout aussi tardive, ne doivent jouer qu'un rôle très secondaire dans l'économie, et il fallait s'attendre, par conséquent, à les voir se modifier beaucoup dans ce groupe naturel, et même s'y dégrader à la manière des veines, sans qu'il en résultât aucun changement nécessaire dans l'ensemble de l'organisation.

Guidé par ces vues théoriques, il m'a semblé utile de multiplier beaucoup les recherches relatives à la disposition du système artériel des Mollusques, et, en poursuivant mes observations sur la dégradation du système veineux, je m'en suis occupé. Dans la plupart des Gastéropodes que j'ai étudiés dans cette intention, je n'ai remarqué aucune modification importante dans cette portion de l'appareil circulatoire ; la disposition des gros troncs s'est trouvée presque toujours celle indiquée par Cuvier dans ses beaux Mémoires sur l'anatomie des Mollusques, et, à l'aide d'injections fines, il m'était, en général, possible de suivre les ramifications artérielles jusque dans la substance de tous les organes; partout ces vaisseaux étaient nettement délimités, et présentaient tous les caractères de tubes membraneux.

Mais, en étudiant l'Haliotide, j'ai rencontré un état de choses bien différent.

Toutes les fois que j'injectais un liquide coloré dans le cœur de ce Mollusque, je remplissais l'aorte ou artère céphalique, ainsi que les branches qui naissent de ce grand tronc vasculaire pour se rendre au foie, à l'estomac, à l'intestin et aux parties voisines (1) ; des ramifications d'une ténuité extrême se montraient de tous côtés, et des capillaires, visibles seulement à l'aide d'une loupe, se dessinaient souvent sur les tissus de ces divers organes; mais, dans la tête, je voyais toujours l'injection s'extravaser et remplir une grande cavité où se trouvent logés le cerveau, les glandes salivaires, le pharynx et tous les muscles de la bouche. Dans mes premiers essais, j'attribuais ce vaste épanchement à quelque rupture des parois vasculaires, et je m'appliquais à ré-

(1) Pl. 26, fig. 1 et 2.

péter l'expérience en mieux ménageant la pression mise en jeu pour effectuer l'injection ; j'employais tour à tour des animaux récemment morts ou encore pleins de vie, puis des individus rendus flasques et immobiles par un commencement d'asphyxie : mais toujours le résultat était le même ; et lorsque, par une dissection attentive, je cherchais à suivre l'aorte jusqu'à sa terminaison dans la tête, il m'était impossible d'en trouver la moindre trace au delà du point où l'épanchement avait commencé à se manifester. Là, les parois de cette grande artère disparaissaient, ou plutôt se confondaient avec les membranes qui séparent en ce point l'abdomen de la cavité céphalique ; et je ne pouvais découvrir aucune continuité entre le vaisseau que je voyais pénétrer dans cette grande lacune, et les artères qui partaient de la même cavité pour se ramifier dans la masse charnue du pied, et qui étaient faciles à reconnaître par l'injection colorée dont je les avais remplies.

Après avoir répété à plus de vingt reprises cette expérience, sans en voir varier une seule fois les résultats, je cessai d'attribuer l'épanchement à quelque circonstance accidentelle, et, pour mieux décider la question, je fis l'injection en sens inverse, c'est-à-dire qu'au lieu d'introduire le liquide coloré dans le système artériel par le cœur et de le faire arriver ainsi jusque dans la cavité céphalique, je le poussais directement dans cette dernière cavité, au milieu des muscles et des nerfs du bulbe pharyngien. Or le résultat fut encore le même ; l'injection remonta aussitôt l'aorte, pénétra dans le cœur, et, dans bien des cas, je vis la totalité du système artériel s'injecter ainsi d'une manière tout aussi parfaite que dans les expériences précédentes.

Il me parut dès lors évident qu'il devait y avoir chez l'Haliotide une communication libre et normale entre la grande artère du corps et la cavité céphalique où se trouvent logés les principaux centres nerveux et toute la portion antérieure de l'appareil digestif. J'étais porté à croire que, dans l'état ordinaire du Mollusque, cette cavité devait être remplie de sang artériel, comme je la voyais remplie par le liquide injecté artificiellement dans l'aorte, et qu'elle devait servir d'intermédiaire entre le tronc aortique et les artères du pied ; en un mot, que, dans l'organisation de l'Haliotide, de même que chez le Calmar et la Seiche, la grande lacune comprise entre les téguments de la tête, les muscles du pharynx et le commencement du tube alimentaire, entrait comme partie constituante dans l'appareil circulatoire, mais avec cette différence que, chez l'Haliotide, cette cavité appartenait au système artériel, tandis que, chez les Céphalopodes, elle fait partie du système veineux.

Une observation intéressante, qui m'avait été précédemment communiquée par M. de Quatrefages, m'a confirmé dans cette opinion. En étudiant sous le microscope et à l'état vivant certains Éolidiens de très petite taille, dont le corps est fort transparent, ce naturaliste avait pu suivre de l'œil le cours du sang en circulation, et, dans une espèce particulière dont il ne tardera pas, j'espère, à faire connaître la structure, il a vu l'artère aorte naître comme d'ordinaire du cœur, mais disparaître presque aussitôt après, et le liquide nourricier s'en échapper pour continuer sa route à travers les lacunes de la partie antérieure du corps, sans qu'il lui fût possible d'apercevoir la moindre trace de tuniques vasculaires dans cette dernière portion du cercle circulatoire, et il en avait conclu que, chez ces Gastéropodes, le système artériel se dégrade, et tend à disparaître, comme on voit ailleurs les veines se perdre et être remplacées par de simples lacunes.

Les expériences sur les Haliotides, dont je viens de rendre compte, ont été faites en 1844, pendant mon voyage de Sicile; mais le résultat inattendu auquel j'étais arrivé ne me paraissant pas être accompagné d'un cortége de preuves suffisantes pour porter la conviction dans l'esprit de tous les naturalistes, je me suis abstenu d'en parler, me promettant seulement de saisir la première occasion pour recueillir de nouveaux faits et pour compléter mon travail. Cet été, j'ai pu mettre ce projet à exécution, et, pendant un séjour de quelques semaines que je viens de faire sur les côtes de la Manche, non seulement j'ai vérifié mes observations précédentes, mais j'ai constaté divers faits nouveaux dont les conséquences sont à mes yeux si évidentes que désormais le doute me semble impossible, et que je n'hésite plus à entretenir l'Académie de la singulière dégradation du système circulatoire, dont l'Haliotide m'avait depuis longtemps offert un exemple.

Effectivement, je me suis assuré que, chez ce grand Mollusque gastéropode, l'artère aorte, parvenue au point où le canal digestif se recourbe pour descendre de la face supérieure du bulbe pharyngien dans la cavité abdominale, débouche directement dans une vaste lacune, dont les parois sont formées en partie par les téguments communs de la tête, et en partie par les muscles et les tuniques du pharynx jointes à des lames de tissu connectif, étendues transversalement au devant de la cavité abdominale, lacune dont l'intérieur est occupé, comme je l'ai déjà dit, par la masse charnue de la bouche, les glandes salivaires, les principaux ganglions du système nerveux, et un grand nombre de brides musculaires et fibreuses (1). L'aorte, en s'évasant comme un entonnoir, ferme, en arrière, cette cavité céphalique, des parties latérales de laquelle naît de chaque côté une petite artère ophthalmique; à la partie inférieure et postérieure de ce grand sinus, on voit l'origine commune des artères pédieuses qui s'enfoncent aussitôt dans la masse musculaire située au-dessous et s'y ramifient; mais, je le répète, il n'y a aucune continuité directe entre ce conduit nourricier du pied et l'aorte, et le sang ne peut y arriver que par l'intermédiaire de la lacune céphalique.

Ainsi cette lacune qui entoure le pharynx, et qui occupe toute la partie antérieure de la tête, tient lieu de la portion céphalique de l'aorte. Le sang artériel qui y est versé par ce vaisseau baigne directement le cerveau, les muscles de la trompe et toute la portion antérieure du tube digestif, puis se rend aux muscles du pied et aux appendices de la tête.

Mais un fait qui, au premier abord, paraîtra plus singulier encore, c'est que, tandis qu'une portion de la cavité générale vient compléter l'appareil vasculaire, l'artère aorte remplit des fonctions analogues à celles de la cavité abdominale, car elle loge dans son intérieur une portion de l'appareil digestif.

(1) Pl. 26, fig. 2, *c*.

Pour s'en assurer, il suffit de fendre longitudinalement ce vaisseau, dont la grosseur égale celle d'un tuyau de plume; on voit alors que le grand appendice subcylindrique, qui sert de base à la langue et qui naît du bord postérieur de la masse pharyngienne, y est renfermé tout entier (1). Cet organe s'avance même très loin dans l'intérieur du tube artériel, et c'est de la portion de l'aorte servant ainsi de gaîne pour l'appareil lingual que prennent naissance plusieurs artères, dont les branches distribuent le sang à l'intestin et aux parois de l'abdomen; on en voit distinctement les orifices lorsqu'on a retiré la langue de son fourreau aortique.

La dégradation de l'appareil circulatoire de l'Haliotide ne consiste pas seulement dans les dispositions singulières que je viens de faire connaître.

En effet, dans la portion du manteau qui adhère à la coquille et qui forme, tout autour des parties latérales et postérieures du corps, une sorte de bordure, les canaux artériels paraissent manquer complétement, et la circulation ne s'effectuer qu'à l'aide de vaisseaux qui reçoivent le sang veineux épanché dans la cavité abdominale, et qui l'y rapportent en partie, tandis qu'ils en versent aussi une portion dans les vaisseaux branchiocardiaques tout près du cœur. La cloison de texture fibreuse, dans l'épaisseur de laquelle ces vaisseaux sont renfermés, ne semble guère propre à remplir les fonctions d'un organe accessoire de respiration, et, par conséquent, il résulterait de cette disposition anatomique que la totalité du sang dirigé vers le cœur ne subit pas l'action de l'air, et que c'est un mélange de sang veineux et de sang artériel qui s'engage dans cet organe pour être ensuite distribué aux diverses parties de l'économie.

Enfin, j'ajouterai encore que, dans la région céphalique où les organes baignent dans le sang artériel, je n'ai pu reconnaître aucune trace, ni de veines proprement dites, ni de lacunes servant à rapporter le liquide nourricier ainsi épanché vers les organes de la respiration, tandis que, dans les autres parties du corps,

(1) Pl. 27, fig. 1.

il existe des canaux veineux dont la disposition est même très remarquable, car tous communiquent librement avec la cavité abdominale, comme chez les autres Gastéropodes, et cependant ils forment dans le foie, dans les glandes génitales, et surtout dans l'appareil urinaire, de véritables vaisseaux dont les ramifications sont extrêmement nombreuses.

L'Haliotide n'est pas le seul Mollusque qui m'ait offert un système artériel ainsi dégradé; j'ai constaté un mode d'organisation analogue chez la Patelle, et, dans ce Gastéropode si commun sur nos côtes, la disposition de la lacune aortique est même plus remarquable encore.

Lorsqu'on ouvre en dessous le corps d'une Patelle, et qu'on enlève le disque charnu du pied, on met à découvert tout le paquet des viscères, et on remarque, entre autres organes, une grande poche membraneuse, qui, recourbée sur le côté et terminée postérieurement en cul-de-sac, s'élargit en avant pour aller se confondre avec les parois de la tête (1). Au-devant de cette poche se trouve la chambre céphalique, renfermant, comme chez l'Haliotide, les muscles de la trompe, la masse buccale et le collier nerveux, tandis que dans la poche elle-même est enroulé le long cylindre lingual dont Cuvier a fait connaître la structure curieuse.

Ici, par conséquent, la langue ne se loge pas dans l'artère aorte, comme chez l'Haliotide, et possède une gaîne membraneuse spéciale; mais cette gaîne, à son tour, devient un sinus artériel. L'aorte, qui est très courte, y débouche directement près du point où sa cavité s'élargit pour embrasser le bulbe pharyngien et pour se continuer avec la cavité céphalique; le sang artériel y pénètre donc, et c'est par son intermédiaire que ce liquide arrive à presque toutes les parties du corps, car l'aorte ne fournit que peu de branches, et c'est de la gaîne linguale que naissent successivement la grande artère pédieuse antérieure, l'artère intestinale, dont plusieurs grosses branches se distribuent au foie, et une artère pédieuse postérieure. C'est même en

(1) Pl. 27, fig. 4, A.

poussant le liquide coloré dans cette énorme gaîne membraneuse que l'on arrive le plus facilement à injecter l'ensemble du système artériel ; car, à raison de la délicatesse des parois du cœur et de la manière dont cet organe embrasse l'intestin, il est assez difficile de bien remplir les vaisseaux lorsqu'on fait l'injection par le ventricule aortique ; et lorsqu'on la tente par l'intermédiaire du canal branchiocardiaque, on distend, en général, l'oreillette, puis le ventricule ; mais on n'arrive que rarement dans l'aorte sans déchirer le cœur.

Le sang artériel ne remplit pas seulement le fourreau de la langue ; ce liquide est également épanché dans la cavité céphalique où les muscles et les nerfs baignent, comme chez l'Haliotide ; l'étendue de cette lacune sanguifère est même beaucoup plus considérable que chez ce dernier Mollusque, et si l'on cherche à évaluer la capacité de l'ensemble de ces sinus, on voit qu'ils doivent contenir plus de sang que tout le reste du système artériel.

Au fond, la disposition des parties est donc la même chez la Patelle et chez l'Haliotide ; c'est toujours la portion antérieure de l'espace libre dont l'appareil digestif est entouré qui, séparée de la cavité abdominale, tient lieu d'une portion du système artériel, comme le reste de la cavité viscérale remplit les fonctions d'un réservoir veineux. Seulement, le genre de dégradation que nous offre l'Haliotide est, en quelque sorte, exagéré dans la Patelle.

Il est également digne de remarque que le mode de constitution du système artériel chez ces Gastéropodes est tout à fait comparable à ce qui existe pour le système veineux chez les Céphalopodes, où l'appareil circulatoire offre dans son ensemble une perfection bien plus grande que chez aucun autre Mollusque. Le sinus veineux de la tête du Calmar rappelle exactement la lacune céphalique qui, chez l'Haliotide, sert de réservoir pour le sang artériel, en même temps qu'elle loge dans sa cavité toute la portion antérieure de l'appareil digestif ; et la disposition de ce même sinus chez le Poulpe, où il se prolonge en arrière jusque vers la partie postérieure de l'abdomen, sous la forme d'un grand sac péritonéal, est très analogue à celle du système de cavités qui, chez la Patelle, sert d'intermédiaire entre l'aorte et les principaux organes. C'est un nouvel exemple de cette tendance générale de la nature à varier ses produits, tout en économisant les moyens qu'elle met en œuvre, et à se servir de procédés semblables pour introduire des modifications correspondantes dans la constitution de parties différentes.

Pour les physiologistes qui considèrent l'appareil de la circulation comme étant nécessairement composé de vaisseaux, et qui supposent ces vaisseaux creusés originairement dans un tissu spécial, ou produits par la soudure et l'anastomose d'une série d'utricules, il me semblerait difficile de comprendre comment l'aorte peut loger dans sa cavité la presque totalité de l'appareil lingual, ainsi que cela a lieu chez l'Haliotide, ou bien encore comment la cavité de la tête tout entière peut se continuer postérieurement sous la forme d'une aorte, et remplir elle-même le rôle d'un conduit artériel ; mais, si l'on adopte les vues que j'ai rappelées au commencement de ce Mémoire, et que j'ai exposées avec détail dans d'autres écrits, ces difficultés n'existent plus. En effet, si le fluide nourricier est primitivement contenu dans de simples lacunes ou méats inter-organiques sans parois propres; et si c'est sous l'influence de ce liquide en mouvement que ces lacunes tendent à se régulariser, à se tapisser d'une membrane propre, et à se transformer en tubes comme le fait d'ailleurs tout trajet fistuleux creusé accidentellement par le pus ou par d'autres humeurs dans le corps de l'homme, il devient aisé de concevoir comment la lacune, qui peu à peu se change ainsi en poche ou en tube, peut tantôt ne circonscrire qu'une masse liquide et devenir un vaisseau sanguin ordinaire, mais d'autres fois englober dans son intérieur des organes étrangers, tels que le cerveau, le pharynx ou l'appareil lingual, sans cesser d'être traversée par le fluide nourricier.

La disposition singulière du cœur, dont la cavité est traversée par le rectum chez l'Haliotide et la Patelle, ainsi que chez la plupart des Mollusques acéphales, me semble être un fait du même ordre que la transformation de l'aorte en une gaîne linguale, et l'emploi de la cavité céphalique comme partie du système artériel ; on peut s'en rendre compte de la même manière, car le cœur n'est d'abord qu'un vaisseau élargi et garni de fibres musculaires propres à en déterminer la contraction et la dilatation alternatives, et, par conséquent, il doit se constituer primitivement d'après les mêmes principes qu'une artère ou une veine ordinaire, et passer par l'état de simple lacune avant que de revêtir la forme vasculaire. Cette particularité d'organisation qui a tant étonné les zoologistes, et qui a été considérée jusqu'ici comme une anomalie inexplicable, se rattache ainsi naturellement à l'ensemble de faits que nous a révélés l'étude des organes de la circulation chez les Crustacés, aussi bien que chez les Mollusques, et rentre dans les conséquences de ce qui me semble être le mode ordinaire de construction de tout appareil vasculaire.

La dégradation du système artériel que j'ai constatée chez la Patelle et l'Haliotide, ainsi que l'état rudimentaire de l'aorte observé par M. de Quatrefages chez quelques Éolidiens, jette donc de nouvelles lumières sur la signification d'autres faits déjà connus, mais incomplétement compris, et s'accorde en tous points avec les résultats dont la théorie devait nous conduire à présumer l'existence. Je me garderai bien de présenter cette vue théorique comme étant une loi de l'organisme, ni même de rien préjuger quant aux procédés que la nature met effectivement en œuvre pour créer un appareil circulatoire ou pour perfectionner de plus en plus cet appareil chez les animaux divers, car les faits positifs manqueraient bientôt à quiconque voudrait s'engager dans cette route; mais je me crois autorisé de plus en plus à dire que tous les résultats du travail générique connus jusqu'ici s'offrent à notre observation comme si les choses se passaient d'après les principes que j'admets par hypothèse. Cette théorie sert d'ailleurs à relier entre eux une multitude de faits dont on ne peut saisir autrement la connexité, et elle peut être, comme on le voit, un guide utile dans la voie des recherches ; jusqu'à ce qu'elle ait été trouvée en défaut, je persisterai, par conséquent, à en conseiller l'emploi.

Quant à la disposition des diverses parties de l'appareil circulatoire des deux Mollusques dont nous venons de nous occuper, je crois inutile d'en présenter une description détaillée, car l'explication des figures jointes à ce Mémoire me paraît devoir suffire pour en donner une idée exacte.

EXPLICATION DES FIGURES.

Appareil circulatoire de l'Haliotide.

PLANCHE 26.

Fig. 1. Dans cette préparation, les vaisseaux efférents des branchies, le cœur et les artères ont été injectés avec une matière rouge, tandis que la cavité abdominale et par suite tous les vaisseaux qui communiquent avec cette chambre et qui représentent le système veineux ont été injectés avec du bleu. L'animal est vu de dos, la coquille ayant été enlevée, le péricarde ouvert, et la glande urinaire mise à découvert.

A, la tête. — *B*, muscle de la coquille. — *C*, fente du manteau servant d'entrée à la chambre branchiale. — *D*, manteau. — *E*, cloison fibreuse qui s'étend de l'abdomen au bord de la coquille. — *F*, abdomen. — *G,G*, le pied. — *H*, les deux branchies.

a, le péricarde ouvert, pour laisser voir le ventricule aortique entre ses deux oreillettes.

b, artère palliale qui prend son origine à la partie antérieure du cœur, et envoie beaucoup de branches aux replis membraneux qui tapissent la voûte de la cavité branchiale, et sécrètent le mucus.

c', artère génitale.

d, artère abdominale, ou aorte postérieure.

e, l'une des veines branchiales ou canaux qui portent le sang artériel des branchies au cœur.

f,f, système portal de la glande urinaire.

g, veines génitales et hépatiques.

h, vaisseau veineux de la membrane coquillière débouchant dans la cavité abdominale, et recevant des branches du lobe droit du manteau.

i, vaisseau qui prend naissance dans le manteau, et va déboucher dans le canal branchio-cardiaque ou vaisseau efférent de la branchie correspondante. Il résulte de cette disposition que tout le sang qui arrive au cœur n'a pas traversé les branchies; une portion vient directement du manteau, qui, selon toute apparence, remplit le rôle d'un organe respiratoire.

j, vaisseau veineux du bord du lobe gauche du manteau.

Fig. 2. Dans cette préparation, l'injection a été faite comme dans la pièce précédente ; mais la voûte palliale a été fendue et rejetée en haut, pour montrer l'intérieur de la chambre respiratoire ; la cavité abdominale a été ouverte et une portion de l'estomac enlevée, pour mettre à découvert la grande artère située au-dessous.

A, la tête. — *B*,*B*, le pied. — *C*,*C*, les deux lobes du manteau. — *D*, l'organe sécréteur du mucus. — *E*,*E*, les deux branchies. — *F*, l'anus. Au-dessous de l'intestin rectum, qui se termine par cet orifice, on voit l'orifice de l'appareil urinaire, et un peu plus loin en arrière, au-dessus du même intestin, se trouve l'orifice de l'appareil génital. Ainsi il y a au fond de la cavité respiratoire trois orifices, et lorsque les parties sont dans leur position naturelle, celui de droite est l'ouverture urétrale, et celui de gauche la terminaison de l'oviducte ou du conduit déférent. — *G*, anse intestinale logée dans une division particulière de la cavité abdominale, qui est séparée de la loge gastrique par une cloison fibreuse. C'est vers l'extrémité antérieure de cette cavité que se trouve l'orifice du vaisseau qui rampe dans l'épaisseur de la cloison coquillière, et qui se voit dans la figure précédente en *h* ; aussi, en poussant une injection dans cette division de la cavité abdominale, arrive-t-on facilement dans le vaisseau dont il vient d'être question, tandis qu'en faisant l'injection du côté gauche de l'animal, on remplit d'abord le vaisseau correspondant du côté opposé, lequel est beaucoup plus gros, et se voit ici en *l*. — *H*, estomac dont la portion antérieure a été en majeure partie enlevée. — *I*, cavité pharyngienne ouverte. — *J*, abdomen.

a, le ventricple aortique embrassant l'intestin rectum.

b, l'oreillette du côté gauche, auquel vient aboutir le vaisseau efférent de la branchie correspondante, dont une portion, injectée en rouge, se voit en *E*.

L'oreillette droite se voit au-dessous du ventricule, et la branchie correspondante a été relevée de manière à laisser à découvert dans toute sa longueur la veine branchiale ou canal efférent qui occupe le bord adhérent de la branchie, et porte le sang artériel de cet organe au cœur.

c, la grande artère aorte qui naît de l'extrémité postérieure du ventricule et se porte en avant, entre l'estomac et l'intestin, pour aller se perdre dans la cavité céphalique.

d, artère abdominale ou aorte postérieure qui naît de l'origine de l'aorte et suit les circonvolutions de l'intestin, auquel elle fournit des branches ainsi qu'au foie : c'est la branche inférieure de ce vaisseau qui se voit en *d*, dans la figure précédente. Du côté opposé de l'aorte antérieure, on voit l'origine de l'artère génitale.

L'aorte antérieure donne naissance à plusieurs branches, dont les unes se ramifient sur les parois de l'estomac (*H*-*c*), et les autres se distribuent à l'intestin ; une de ces dernières, un peu plus grosse que les autres, passe sous l'anse intestinale, et va se distribuer à la portion de ce tube qui se trouve à droite.

e, sinus artériel dans lequel débouche l'aorte : c'est une grande lacune céphalique limitée en dessus par les parois du pharynx, en avant par les téguments et les muscles de la tête, et en arrière par des brides fibro-cellulaires. En injectant l'animal par cette chambre céphalique, on remplit immédiatement tout le système artériel.

f, grande artère pédieuse qui naît du sinus céphalique, et se divise bientôt en quatre branches dont on aperçoit la terminaison vers la partie postérieure du pied.

g, l'une des branches latérales de cette artère.

h, vaisseau afférent de la branchie gauche. Un peu au devant du cœur, on voit le canal transversal ou *réservoir veineux commun des branchies*, qui réunit ce vaisseau à son congénère, et qui reçoit directement les veines de l'intestin rectum.

i,i, veines des deux lobes du manteau en communication avec un réseau capillaire étendu le long de la base de la branchie, et allant s'anastomoser avec les vaisseaux branchio-cardiaques, ainsi que cela se voit dans la figure précédente.

K, veines efférentes de la glande urinaire allant déboucher dans le réservoir veineux commun des branchies.

l, canal veineux de la membrane coquillière ou cloison qui s'étend des parois de l'abdomen au bord de la coquille.

m, veines hépatiques allant déboucher directement dans l'espace libre qui entoure l'intestin et qui se continue avec le reste de la cavité abdominale.

A la partie postérieure du pied, on voit des veines qui se rendent dans un système de petites lacunes situées sur la ligne médiane, et en communication avec la cavité abdominale.

PLANCHE 27.

Fig. 1. Dans cette préparation, l'Haliotide a été renversé sur le dos ; la moitié du pied a été enlevée, ainsi qu'une portion de la paroi inférieure de l'abdomen et de l'estomac ; enfin le sinus céphalique et la portion antérieure de l'aorte ont été ouverts, pour montrer la disposition de l'appareil basilaire de la langue, qui se loge dans cette artère comme dans une gaîne, et qui y est baignée par le sang.

A, la tête. — *B*, le pied. — *C,C*, lobes du manteau.

a, le cœur, renfermé dans son péricarde.

b, vaisseau branchio-cardiaque ou veine branchiale gauche.

c, l'aorte antérieure.

d, artère abdominale ou aorte postérieure.

e, artères gastriques.

f, sinus artériel de la tête.

g, l'une des branches médianes de la grande artère pédieuse qui naît du sinus céphalique.

h, appendice basilaire de la langue en partie extraite de l'aorte, pour montrer les orifices de plusieurs petites artères intestinales qui naissent de ce vaisseau, dans le point où il remplit les fonctions d'une gaîne linguale.

i, le canal veineux du manteau, déjà représenté en partie dans la planche précédente, fig. 1, *j*, et fig. 2, *b*.

Appareil circulatoire de la Patelle.

Fig. 2. Une Patelle beaucoup grossie, et représentée de trois quarts, avec le manteau un peu relevé. La coquille a été ôtée et le système veineux injecté en bleu par la cavité abdominale, tandis que le système artériel et ses dépendances ont été injectés en rouge par la branchie.

A, la tête. — *B*, le pied. — *C,C,C*, le manteau, garni d'une bordure de tentacules. — *D,D*, la branchie. — *E*, l'abdomen. — *F*, une grande cavité analogue à la chambre branchiale de la Patelle, mais ne servant plus à loger les organes de la respiration. Au fond de cette chambre, du côté droit, on voit aussi trois orifices très rapprochés l'un de l'autre : celui situé au milieu est l'anus ; l'ouverture de l'appareil génital est plus à gauche, et l'orifice placé à droite appartient à un organe glandulaire qui me semble devoir être considéré comme un appareil urinaire. — *D*, la branchie.

Fig. 3. Dans cette préparation, l'injection a été faite comme dans la pièce précédente ; l'animal est vu en dessus, le péricarde est ouvert, et une portion de la paroi supérieure de la cavité abdominale a été rejetée de côté.

A, le bord frangé du manteau. — *B*, une portion de la branchie située sous le manteau. — *C*, portion de la voûte de la cavité abdominale rejetée de côté.

a, vaisseau efférent de la branchie injecté en rouge, et vu par transparence.

b, vaisseau branchio-cardiaque. Le réseau veineux de la voûte palliale débouche en partie dans ce vaisseau, et se remplit d'injection lorsqu'on pousse le liquide de la branchie vers le cœur. Il en résulte qu'ici, de même que chez l'Haliotide, la totalité du sang ne traverse pas la branchie avant de retourner au cœur, et que le manteau remplit les fonctions d'un organe accessoire de respiration.

c, l'oreillette du cœur.

d, le ventricule.

e, grande lacune marginale de l'abdomen, dans laquelle le sang veineux s'accumule pour aller ensuite à la branchie.

f, réseau veineux lacunaire situé entre la paroi supérieure de l'abdomen et la masse viscérale.

g, vaisseau afférent de la branchie, communiquant avec la cavité abdominale par les lacunes linéaires situées entre les faisceaux musculaires qui se rendent du pied à la coquille.

h, veine hépatique allant déboucher dans un système de lacunes qui dépendent de la cavité abdominale et communiquent avec les vaisseaux de l'organe présumé urinaire.

i, le réseau capillaire de la voûte de la chambre respiratoire. Ce réseau, formé de lacunes plutôt que de vaisseaux proprement dits, se remplit par la cavité abdominale, et communique aussi librement avec la portion antérieure du vaisseau afférent de la branchie (*j*); il est jusqu'à un certain point l'analogue du réseau pulmonaire des Colimaçons.

Fig. 4. Dans cette préparation, le système veineux a encore été injecté par la cavité abdominale, et le système artériel par le cœur : l'animal est vu en dessous, et le pied, dont une portion a été enlevée, est rejeté de côté.

A, la tête. — *B*, le pied. — *B'*, section du muscle circulaire de la coquille. — *C*, le manteau. — *C'*, voûte de la chambre palliale. — *D*, la branchie. — *E*, l'intestin. — *F*, le foie. — *G*, l'ovaire. — *H*, orifices de l'appareil urinaire, de l'intestin et de l'oviducte.

a,*a*, portion du grand réservoir veineux formé par les lacunes de l'abdomen.

b, réseau lacunaire de la voûte de la chambre palliale, ou réseau pulmonaire.

c, vaisseau afférent, faisant fonction d'une artère branchiale.

d, vaisseau efférent de la branche, ou veine branchiale portant le sang artériel vers le cœur.

e, vaisseau branchio-cardiaque.

f, l'aorte se portant de l'extrémité droite du cœur au sinus céphalique, dans lequel cette artère débouche.

g, portion antérieure de ce grand sinus artériel, renfermant la masse charnue du pharynx et les centres nerveux.

h, appendice postérieur du même sinus artériel, servant à loger l'appareil lingual.

i, artère pédieuse antérieure, naissant du sinus céphalique.

j, artère abdominale, naissant de la gaîne linguale.

k, artère pédieuse postérieure, naissant du milieu de la même gaîne.

NOTE

SUR

LA CLASSIFICATION NATURELLE

DES MOLLUSQUES GASTÉROPODES;

PAR M. MILNE EDWARDS.

(Communiquée à la Société Philomatique, le 1er août 1846.)

Les divers systèmes de classification qui ont été successivement employés pour l'arrangement méthodique des Mollusques gastéropodes, laissent beaucoup à désirer ; aucun d'entre eux ne me paraît reposer sur des bases solides, et tous me semblent conduire à des résultats en désaccord avec les affinités naturelles de ces animaux.

Lamarck, comme on le sait, ne donne le nom de Mollusques qu'aux Malacozoaires céphalés et divise ce groupe en cinq ordres, savoir : les Ptéropodes, les Gastéropodes, les Trachéliopodes, les Céphalopodes et les Hétéropodes. D'après cet auteur, il y aurait des différences de même valeur entre le Colimaçon et la Limace qu'entre le Poulpe et la Carinaire, et ce serait la forme générale du corps qui servirait de base à la classification de ces animaux. Les vices de ce système sont tellement manifestes qu'il serait inutile de nous arrêter à en critiquer les détails ; tous les zoologistes s'accordent aujourd'hui à reconnaître que les Gastéropodes, les Trachéliopodes et les Hétéropodes de Lamarck appartiennent à un seul et même groupe naturel et s'éloignent des Céphalopodes par des caractères bien plus importants que ne l'est aucune des particularités de structure, d'après lesquelles ils se distinguent entre eux. Pour montrer combien son groupe des Gastéropodes est artificiel, il suffit de rappeler que les Calyptrées s'y trouvent associées aux Aphysies, et que les Patelles y prennent place entre les Doris et les Pleurobranches, tandis que les Haliotides sont rangées dans un autre ordre tout auprès des Hélices et des Planorbes. Quant au groupe des Trachéliopodes, j'ajouterai seulement qu'on y trouve les Hélices, mais ni les Testacelles ni les Limaces.

Dans la classification de Cuvier, les affinités naturelles qui lient entre eux tous les Mollusques céphalés à pied charnu n'ont pas été méconnus comme dans le système de Lamarck, et le groupe naturel formé par ces animaux se trouve convenablement représenté par la classe des Gastéropodes ; mais la subdivision de cette classe en huit ordres ne me semble pas admissible. Ce système, fondé principalement sur la disposition de l'appareil respiratoire, conduit à séparer des genres qui ont entre eux les connexions les plus intimes, et ne met pas en lumière les modifications les plus importantes du type organique dont tous ces Mollusques dérivent. Ainsi, à en juger par la place que ces animaux occupent dans l'arrangement méthodique de Cuvier, les Patelles auraient plus d'affinité avec les Oscabrions qu'avec les Fissurelles ou les Haliotides ; les Aplysies se distingueraient des Tritonies et des Hélices, par des caractères de même valeur et il y aurait autant de différence entre une Phyllide et une Pleurobranche qu'entre les Firoles et les Trochus.

M. de Blainville a fondé sa classification des Gastéropodes sur les modifications de l'appareil générateur qui, dans l'opinion de ce zoologiste, se composait tantôt d'un organe femelle seulement (tous les individus étant semblables et se suffisant à eux-mêmes dans la reproduction sans avoir cependant des organes mâles), tantôt d'un appareil mâle, aussi bien que d'un organe femelle mais porté sur le même individu, d'où résulte encore la similitude de tous ces individus chez une même espèce ; d'autrefois, enfin, d'organes mâles et d'organes femelles portés par des individus différents. D'après ces considérations, M. de Blainville divise le groupe des Gastéropodes qui, dans sa méthode, prennent le nom de Paracéphalophores (ou de Céphalidiens) en trois sous-classes : les *Unisexués*, les *Bisexués monoïques* et les *Bisexués dioïques*. Mais dans l'état actuel de la science aucun physiologiste n'admettra, ce me semble, la possibilité du mode d'organisation qui serait caractéristique de la première de ces divisions, et d'ailleurs l'observation directe est venue montrer que la plupart des Gastéropodes réputés unisexués sont en réalité des animaux bisexués dioïques. Les bases de cette classification ont par conséquent disparu, et quant aux divisions établies de la sorte, je ne puis les regarder comme étant des groupes naturels, car j'y trouve une des sous-classes composée des Murex, des Buccins, etc., c'est-à-dire des Pectinibranches de Cuvier; une autre, formée des Helix, des Sigarets, des Aphysies, des Ptéropodes, des Carinaires, des Argonautes, etc. ; et une troisième comprenant les Dentales, les Patelles, les Haliotides et les Calyptrées.

Les observations que j'ai exposées dans un travail précédent (1) m'ayant porté à croire que les caractères dominateurs, en zoologie comme en botanique, doivent être fournis par la constitution de l'embryon plutôt que par la structure des animaux adultes, je me suis attaché à recueillir des faits relatifs au mode de développement des Gastéropodes, dans la vue d'en faire l'application à la classification de ces Mollusques. Pendant mes excursions sur les bords de la Méditerranée, j'ai eu l'occasion d'examiner un certain nombre de ces animaux à l'état d'embryon, et j'ai pu tirer de cette étude quelques secours pour la solution de la question que je m'étais posée ; mais les données que je possède à ce sujet sont insuffisantes pour l'établissement d'une distribution méthodique des Gastéropodes fondée sur l'embryologie, et dans l'essai d'une classification naturelle que je vais exposer ici, j'ai dû appeler en aide des considérations d'un autre ordre.

Pour qu'une classification zoologique donne une idée juste des

(1) *Considérations sur quelques principes relatifs à la classification naturelle des animaux* (*Ann. des Sc. nat.*, 3e série, t. I, p. 65).

divers degrés d'affinité qui existent entre les animaux, et soit en quelque sorte le tableau synoptique des modifications plus ou moins importantes, introduites dans la structure de ces êtres, il est nécessaire de multiplier beaucoup plus qu'on ne le fait d'ordinaire la série des divisions par lesquelles on passe pour arriver de la classe à l'espèce. Ainsi lorsqu'on compare entre eux tous les Mollusques Gastéropodes, en laissant toutefois de côté les Oscabrions sur lesquels je reviendrai plus tard, on n'arrive pas de suite à distinguer entre eux les divers groupes secondaires admis par les naturalistes ; on voit que la plupart de ces Mollusques se ressemblent extrêmement par la conformation générale de leur corps, tandis que quelques autres diffèrent des premiers d'une manière frappante. Chez les Gastéropodes ordinaires, tels que le Colimaçon, le Buccin ou l'Aphysie, la masse charnue du pied forme, comme on le sait, une base de sustentation large et aplatie, au-dessus de laquelle se trouve une masse viscérale d'un volume considérable. Chez les Gastéropodes anormaux, dont il vient d'être question, c'est-à-dire les Firoles et les Carinaires ou *Hétéropodes* de Cuvier et de Lamarck, l'organe de la locomotion est au contraire une rame verticale mince et arrondie, l'abdomen est rudimentaire et la portion céphalo-thoracique du corps prend un développement énorme ; les premiers sont des animaux constitués pour ramper sur le sol ou au fond des eaux, les derniers ne peuvent que nager, et sont essentiellement pélagiques ; enfin, chez les uns les ganglions cérébroïdes et pédieux sont très rapprochés entre eux et forment autour de l'œsophage un collier étroit, tandis que chez les autres les ganglions pédieux sont très éloignés des ganglions cérébroïdes et les connectifs qui unissent entre eux ces centres nerveux se dirigent presque parallèlement à l'œsophage. Nous ne savons rien touchant l'embriologie des Gastéropodes nageurs, mais il nous semble bien probable que dès le jeune âge ils doivent s'éloigner considérablement de tous les Gastéropodes ordinaires, et les différences qui les en séparent à l'état adulte sont beaucoup plus grandes qu'aucune de celles qui se rencontrent parmi ces derniers. Il me semble donc que dans une classification naturelle des Gastéropodes les espèces constituées d'après ces deux plans organiques devraient former deux groupes distincts et d'égale valeur; l'une de ces divisions présente pour ainsi dire dans toute sa pureté les formes typiques de la classe, l'autre se fait remarquer par des caractères anormaux; mais tous sont évidemment des dérivés d'un seul et même type fondamental, et les différences qui les séparent sont loin d'offrir l'importance qu'offrent celles qui existent entre l'un ou l'autre de ces groupes d'une part et la classe des Céphalopodes ou celle des Acéphales de l'autre.

On sait que dans le système de Lamarck les liens de parenté qui existent entre les Firoles ou les Carinaires, et les Gastéropodes ordinaires, ne sont pas représentés et que la division des Hétéropodes se trouve même séparée des groupes renfermant les Colimaçons et les Buccins par l'ordre des Céphalopodes tout entier. Les affinités les plus importantes à signaler ont été par conséquent méconnues ici par ce zoologiste. M. de Blainville me semble être tombé dans l'excès contraire lorsqu'il considère ces Mollusques nageurs comme ne constituant qu'une simple famille, de l'ordre des Neuchobranches, lequel vient à son tour prendre place dans la seconde sous-classe des Gastéropodes entre les Buccins et les Patelles. La classification de Cuvier est une approximation plus grande de la vérité, puisque les Hétéropodes y forment un ordre particulier de la classe des Gastéropodes, mais ils y sont placés de manière à rompre les affinités qui lient les Colimaçons ou les Aphysies aux Pectinibranches, et rien ne rappelle que tous ceux-ci constituent un groupe naturel.

Il me paraîtrait préférable de diviser la classe des Gastéropodes en deux sous-classes, savoir : 1° les Gastéropodes ordinaires, comprenant les Pulmonés, les Nudibranches, les Inférobranches, les Tectibranches, les Pectinibranches, les Scutibranches et les Cyclobranches de Cuvier; 2° les Gastéropodes anormaux ou Hétéropodes de Cuvier.

La sous-classe des Gastéropodes ordinaires, quoique fort nombreuse en espèces, est un groupe très naturel. On y remarque cependant des modifications d'organisation assez considérables, et ces différences se manifestent quelquefois de très bonne heure dans l'embryon en voie de développement. Chez les uns, la larve est pourvue d'une coquille turbinée, dont l'ouverture se ferme à l'aide d'un opercule; elle porte sur le devant de la tête un grand voile membraneux plus ou moins profondément bilobé et garni d'une bordure de cils vibratiles qui lui sert comme organe de locomotion; enfin, on n'y voit rien qui puisse être comparé à une vésicule ombilicale. Chez les autres, la larve est nue, sa tête n'est pas garnie de voiles natateurs à bords ciliés, et il existe sur la partie antérieure de sa région dorsale une sorte de vésicule ombilicale.

Les Gastéropodes, qui dans les premiers temps de leur développement affectent ces deux formes, présentent aussi entre eux des différences anatomiques et physiologiques considérables lorsqu'ils sont arrivés à l'état parfait. En effet, les uns sont pulmonés et respirent l'air en nature; les autres ont une respiration aquatique et sont pourvus de branchies. Les premiers ont été depuis longtemps séparés des Gastéropodes branchifères, et forment dans la classification de Cuvier l'ordre des Pulmonés. Mais l'affinité étroite qui lie entre eux tous ces derniers n'a pas été suffisamment appréciée par les auteurs, et ne se trouve indiqué dans aucun système malacologique. Dans toutes les méthodes proposées jusqu'ici, ces Mollusques se trouvent disséminés dans un nombre variable de divisions ordiniques, et ne forment pas un groupe particulier. Il est cependant à noter que dans le jeune âge ils se ressemblent tant qu'il serait difficile de distinguer génériquement les larves d'Éolides ou d'Aphysies des larves de Buccins ou de Vermets.

Les Gastéropodes ordinaires de la division des Branchifères ne se différencient notablement entre eux qu'en arrivant à l'état parfait: mais la disposition d'un organe dont l'apparition est ici plus tardive que chez les animaux supérieurs, les sépare alors en deux groupes naturels, qui me semblent devoir prendre le rang d'ordres.

Dans l'une de ces divisions, que je proposerai de désigner sous le nom d'Opistobranches, le sang arrive au cœur en se dirigeant plus ou moins obliquement d'arrière en avant, et l'oreillette est ordinairement située en arrière du ventricule; la respiration s'effectue à l'aide de branchies arborescentes ou fasciculées qui ne sont jamais renfermées dans une cavité spéciale et se trouvent plus ou moins complétement à découvert sur le dos ou sur les côtés, vers l'arrière du corps; la région cervicale est toujours nue; l'appareil reproducteur est hermaphrodite; enfin, la coquille, très développée chez la larve, devient rudimentaire ou disparaît même complétement chez l'animal adulte.

Ce groupe se compose des Gastéropodes répartis dans trois ordres différents, d'après la méthode de Cuvier; ce sont en effet les Nudibranches, les Inférobranches et les Tectibranches de cet auteur. Dans la classification de Lamarck on les trouve réunis dans la première section des Gastéropodes de ce zoologiste, mais ils y sont confondus avec les Patelles et les Oscabrions, dont la structure est tout autre, et la division ainsi constituée est complétement artificielle. Enfin, dans le système de M. de Blainville, ces Mollusques sont encore disséminés et se trouvent rangés dans quatre ordres différents qui n'ont entre eux aucun lien commun et qui sont même séparés les uns des autres par l'introduction des Ptéropodes entre les Aphysiens et les Eolidiens. Les Opistobranches forment cependant un groupe très naturel et les caractères qui les unissent entre eux, de même que les caractères qui les séparent des autres Gastéropodes, me semblent offrir assez d'importance pour motiver l'établissement d'une division particulière dans une classification naturelle des Mollusques.

Dans la seconde division des Gastéropodes branchifères la portion abdominale du corps ne devient pas rudimentaire comme chez les Opistobranches, mais se développe proportionnellement aux portions céphaliques et pédieuses, elle reste toujours protégée par une Coquille, et les dimensions de ce dernier organe sont suffisantes pour que le corps de l'animal tout entier puisse y trouver un abri. Le manteau est toujours dirigé en avant et forme au-dessus de la région cervicale une chambre voûtée plus ou moins vaste, où viennent se placer les orifices excréteurs et où se logent presque toujours les branchies ; ces organes respirateurs se composent de lamelles simples et parallèles, insérées le long d'une tige vasculaire et affectant de la sorte une disposition pectinée ; d'ordinaire ils sont situés en avant du cœur, et lors même qu'ils se prolongent jusqu'à l'arrière du corps les vaisseaux branchio-cardiaques sont dirigés d'avant en arrière, de sorte que le sang arrive au cœur, en suivant une direction opposée à celle qui existe chez les Opistobranches. Enfin, les organes de la génération, mâles et femelles, sont portés par des individus différents.

Dans la classification de Cuvier, les Gastéropodes, qui présentent cet ensemble de caractères anatomiques et physiologiques, sont disséminés dans les quatre ordres des Pectinibranches, des Tubulibranches, des Scutibranches et des Cyclobranches. Lamarck en a rangé une partie parmi les Gastéropodes et les autres dans l'ordre des Trachiliopodes, où ils se trouvent confondus avec les Pulmonés. M. de Blainville en a formé la première et la troisième de ses sous-classes de Paracéphalophores, et intercale entre ces deux groupes tous les autres Gastéropodes. Il me semble préférable de les réunir en un seul et même ordre, que je proposerai de désigner sous le nom de Prosobranches.

Quant aux Oscabrions, il me semble difficile, dans l'état actuel de la science, de préciser la place qu'il conviendrait de leur assigner. Pour Cuvier et Lamarck, ce sont des Gastéropodes très voisins des Patelles ; tandis que, dans l'opinion de M. de Blainville, ce ne seraient pas même des Mollusques, et il faudrait en former une classe particulière dans l'embranchement des animaux Annelés (1). Ainsi que le remarque avec beaucoup de raison ce dernier zoologiste, les Oscabrions présentent dans la disposition des pièces calcaires dont leur dos est couvert des caractères qui rappellent tout à fait la segmentation du corps des Annelés, et qui n'existent chez aucun Mollusque proprement dit. J'ajouterai que la structure de l'appareil de la génération des Oscabrions diffère essentiellement de ce qui existe chez les Gastéropodes, et

(1) La classe des Malontomopodes. (Art. Animaux du Supplément du *Dict. des Sc. nat.*, t. I. p. 236.)

ressemble beaucoup à ce qui se voit chez les Annelés. Effectivement, chez les Gastéropodes, les organes reproducteurs sont toujours impairs et asymétriques tant dans leurs parties internes que sous le rapport de leurs orifices; chez les Oscabrions, au contraire, ces parties se répètent symétriquement de chaque côté de la ligne médiane, et il existe une paire d'orifices sexuels comme chez les Crustacés. La disposition de l'appareil circulatoire tend également à éloigner les Oscabrions des Gastéropodes, et à leur donner quelque analogie avec les animaux articulés : car le cœur ressemble beaucoup à un vaisseau dorsal, et présente une structure tout autre que celle du cœur d'un Gastéropode ordinaire. Enfin tout, dans l'organisation des Oscabrions, paraît indiquer une tendance à la disposition bilatérale des parties suivant une ligne droite, tandis que chez les Gastéropodes, le corps tout entier semble avoir été constitué sur une ligne courbe.

L'opinion de M. de Blainville relativement aux affinités naturelles des Oscabrions me paraît donc plus plausible que celle de Cuvier; mais pour résoudre la question, il faudrait avoir observé le mode de développement de ces Mollusques; car c'est leur forme embryonnaire qui seule peut nous apprendre si ce sont des dérivés du type Mollusque modifiés par des emprunts faits au plan d'organisation des Annelés, ou si ce sont des dérivés du type Annelé qui reproduisent d'une manière secondaire les caractères du Mollusque. Quoi qu'il en soit, il me semblerait impossible de les laisser parmi les Gastéropodes ordinaires; et lors même qu'on arriverait à les rattacher définitivement à cette classe de Mollusques, il me paraîtrait nécessaire d'en former un ordre à part, ou plutôt un petit groupe satellite qui dépendrait du groupe typique sans en faire partie. C'est du reste une marche que je croirais utile de suivre dans un grand nombre d'autres cas; souvent nous gâtons nos groupes zoologiques en voulant y faire entrer pour ainsi dire de force des éléments qui s'en éloignent, sans se rapprocher davantage d'aucune autre agglomération d'espèces, et qui nous paraissent trop peu importants pour devoir constituer une grande division du règne animal. Le règne animal considéré dans son ensemble ne me semble pas être comparable à une armée bien ordonnée, ou chaque brigade, chaque régiment et chaque compagnie, a des limites nettement tracées, et où tout soldat a sa place marquée sous le drapeau de son corps; pour en donner une idée juste, il serait mieux de le comparer au système stellaire, où une multitude d'astres se trouvent disséminées à des distances inégales les unes des autres, et forment de distance en distance, par leur présence en grand nombre dans un espace restreint, des groupes plus ou moins remarquables, à l'entour duquel on voit d'autres astres comme isolés dans le ciel, et ne faisant partie d'aucun grand système. Ce sont les analogues de ces constellations qui, en zoologie, constituent les classes ou les ordres, et dans le vide qui les séparent, on trouve souvent quelques espèces qui diffèrent autant de tous ces groupes que ces mêmes groupes peuvent différer entre eux, mais qui, étant en petit nombre, ne sont pas réputés devoir figurer dans nos classifications au même titre que les types riches en espèces. Dans une classification qui serait réellement naturelle, il faudrait tenir compte de ce mode de répartition des êtres, et ne faire rentrer, dans les groupes désignés sous les noms de classes, d'ordres, de familles ou de genres, que les espèces qui ont effectivement entre elles la sorte de parenté que ces désignations supposent, et laisser en dehors les petits assemblages d'espèces qui s'en éloignent par leur mode d'organisation, sans se croire obligé pour cela de créer autant de divisions de même valeur que celle du groupe principal, autour duquel ces derniers viennent se ranger.

En résumé donc, si les Oscabrions sont réellement des dérivés du type malacologique, je proposerai de les considérer comme formant une famille satellite de la classe des Gastéropodes, et je diviserai celle-ci de la manière suivante :

CLASSE DES GASTÉROPODES.

Mollusques céphalés, ayant pour organe locomoteur un pied charnu, formé par un lobe postérieur de la tête, ayant les organes de la génération impairs et asymétriques, et ayant l'ensemble de l'organisation disposée suivant une ligne spirale, soit à l'état de larve seulement, soit pendant toute la vie.

GROUPE TYPIQUE OU PREMIÈRE SOUS-CLASSE. — GASTÉROPODES ORDINAIRES.

Pied charnu, aplati et très large; abdomen bien développé, etc.

Première Section. — GASTÉROPODES PUMONÉS.

Larve à tête nue, etc.; vaisseaux de la petite circulation disposés en réseau; organes générateurs hermaphrodites.

Seconde Section. — GASTÉROPODES BRANCHIFÈRES.

Larve pourvue de nageoires céphaliques, etc.; vaisseaux de la petite circulation fasciculés.

ORDRE DES OPISTHOBRANCHES.

Région cervicale nue, etc.

ORDRE DES PROSOBRANCHES.

Région cervicale surmontée d'une cavité palléale voûtée, etc.

GROUPE ANORMAL OU SECONDE SOUS-CLASSE. — GASTÉROPODES NAGEURS ou ORDRE DES HÉTÉROPODES.

Pied charnu vertical; abdomen rudimentaire, etc.

GROUPE SATELLITE DES GASTÉROPODES (se rattachant aux Prosobranches).

FAMILLE DES CHITONIENS.

Mollusques (?) céphalés ayant pour organe locomoteur un pied charnu; le corps subannelé; les organes générateurs pairs et symétriques, un vaisseau dorsal médian, etc.

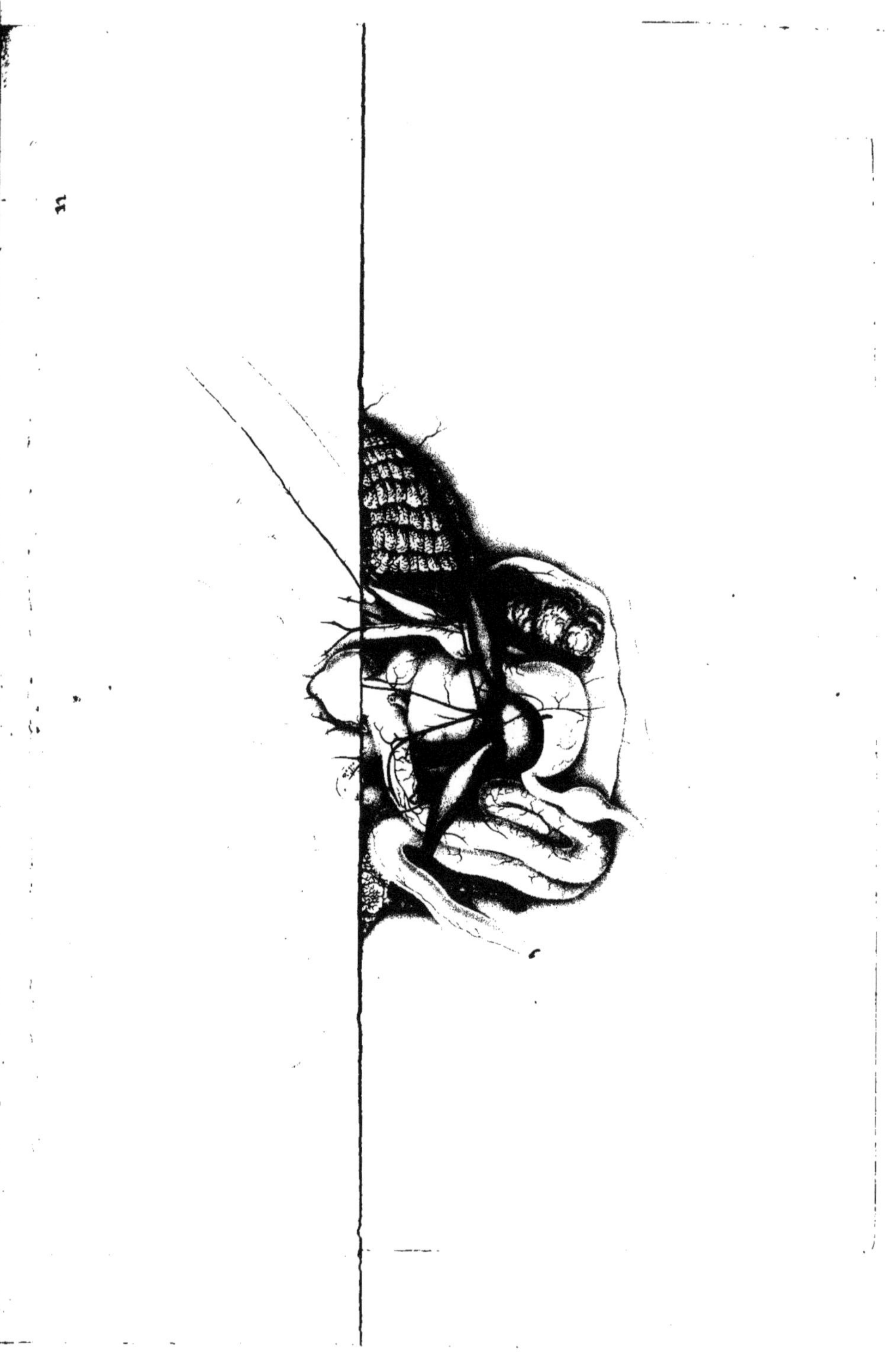

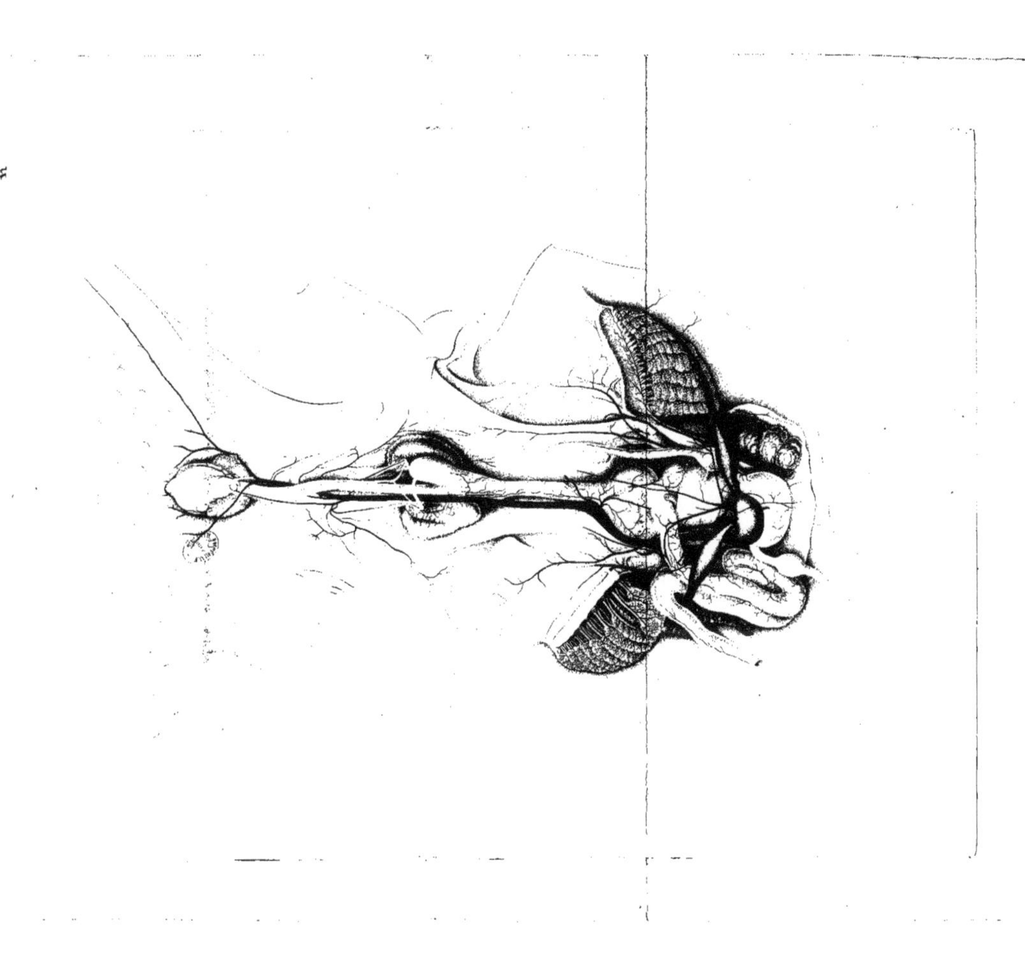

Pl. 12

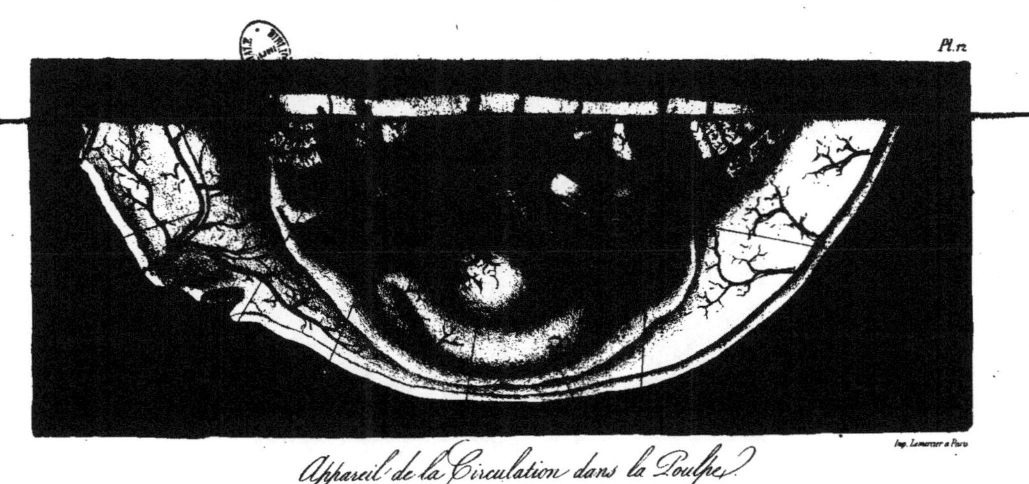

Imp. Lemercier à Paris

Appareil de la Circulation dans la Poulpe.

Pl. 11

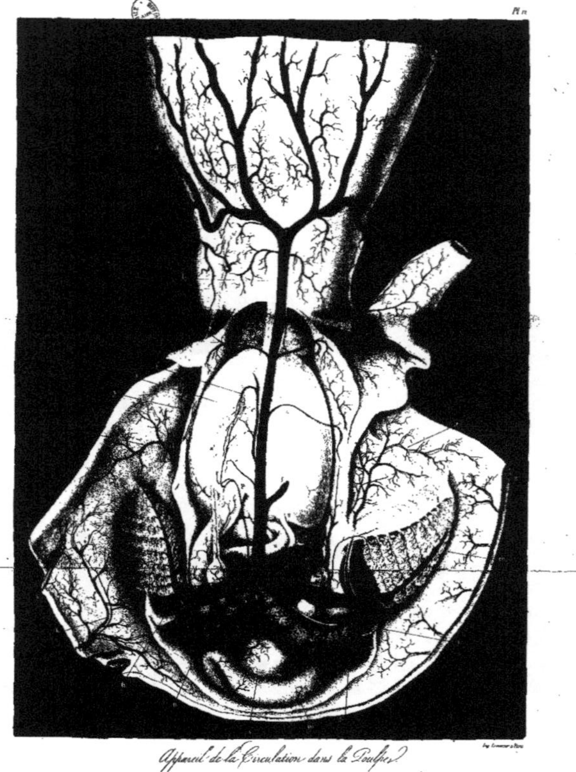

Appareil de la Circulation dans le Poulpe.

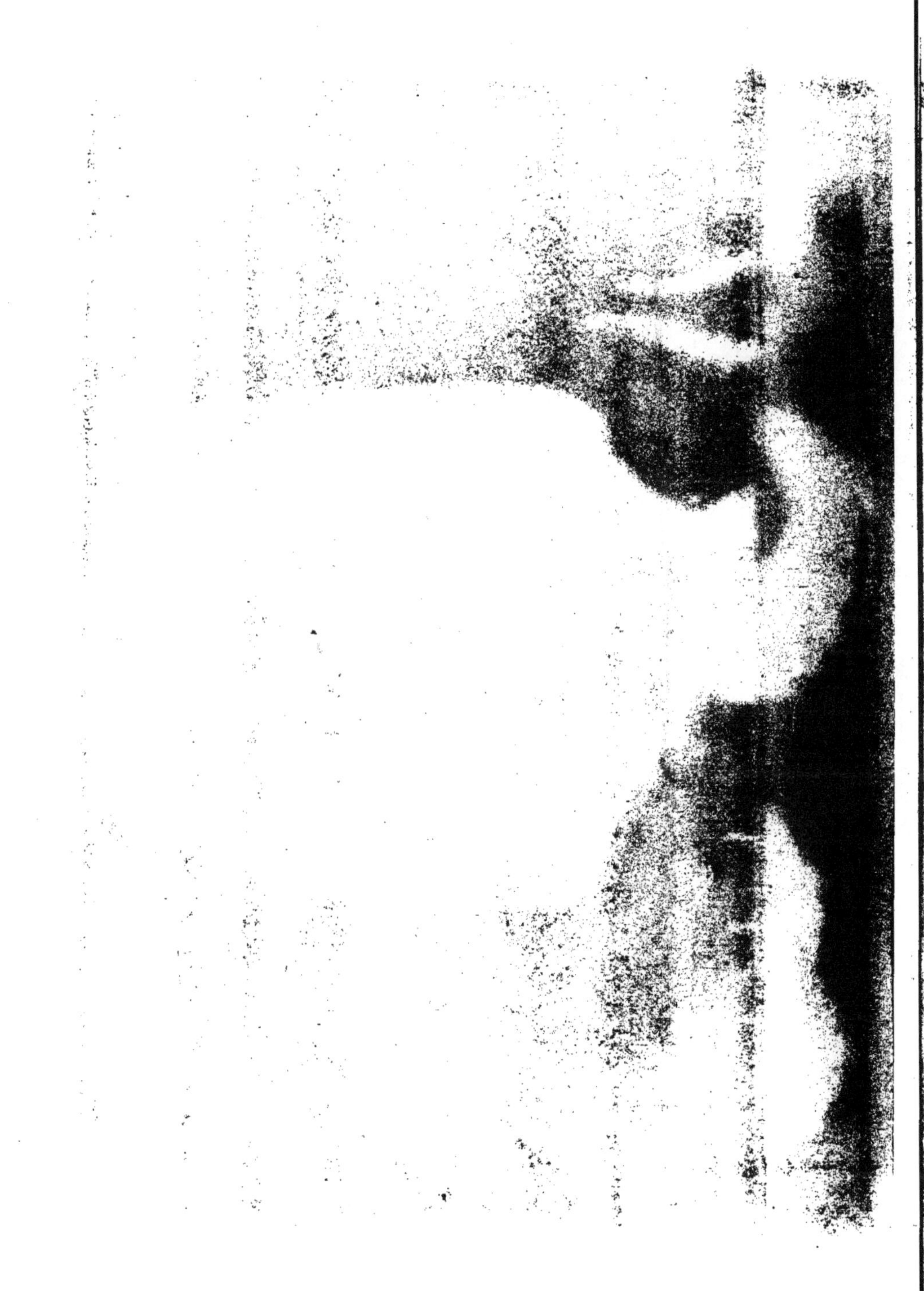

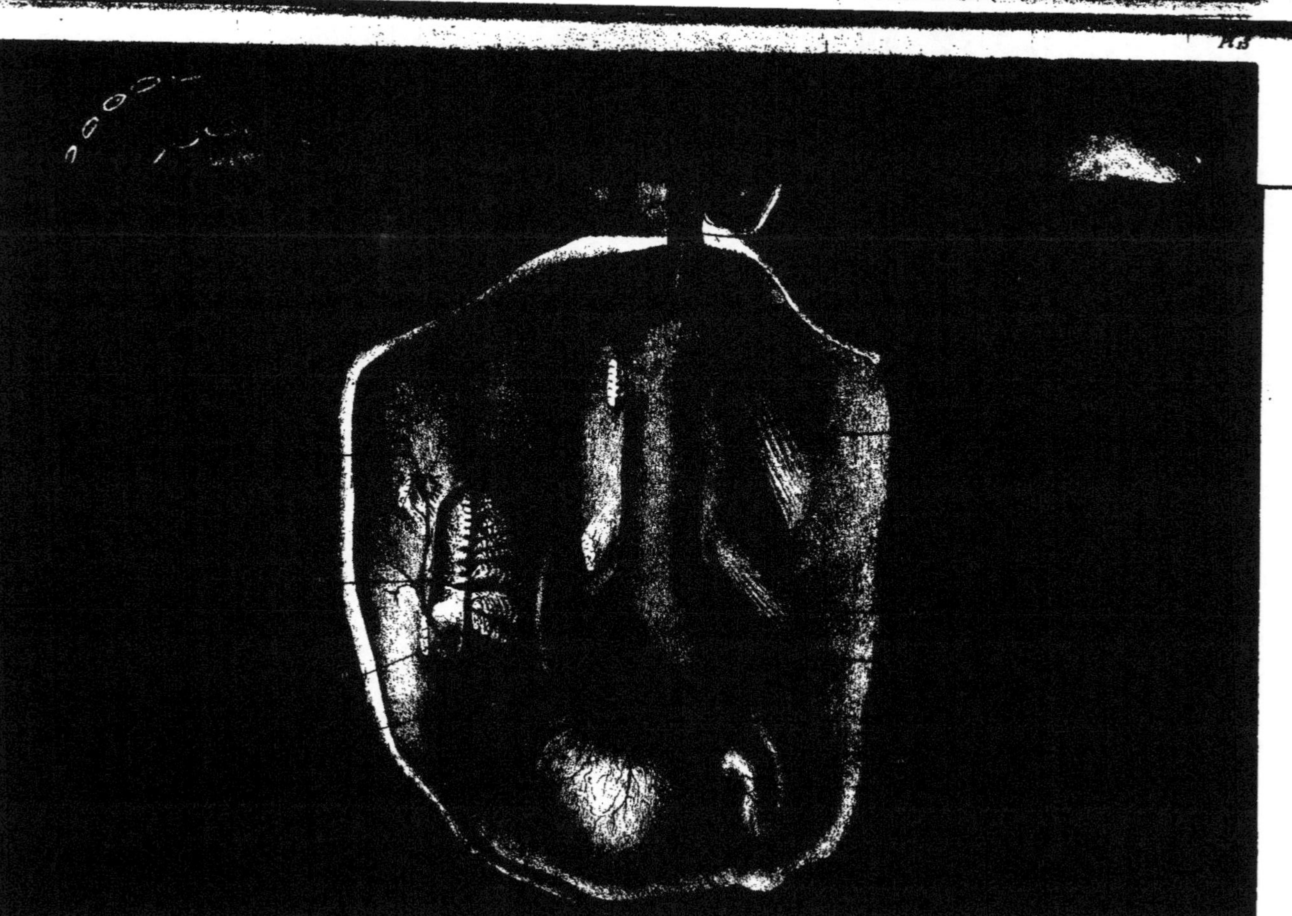

Appareil Circulatoire du Poulpe.

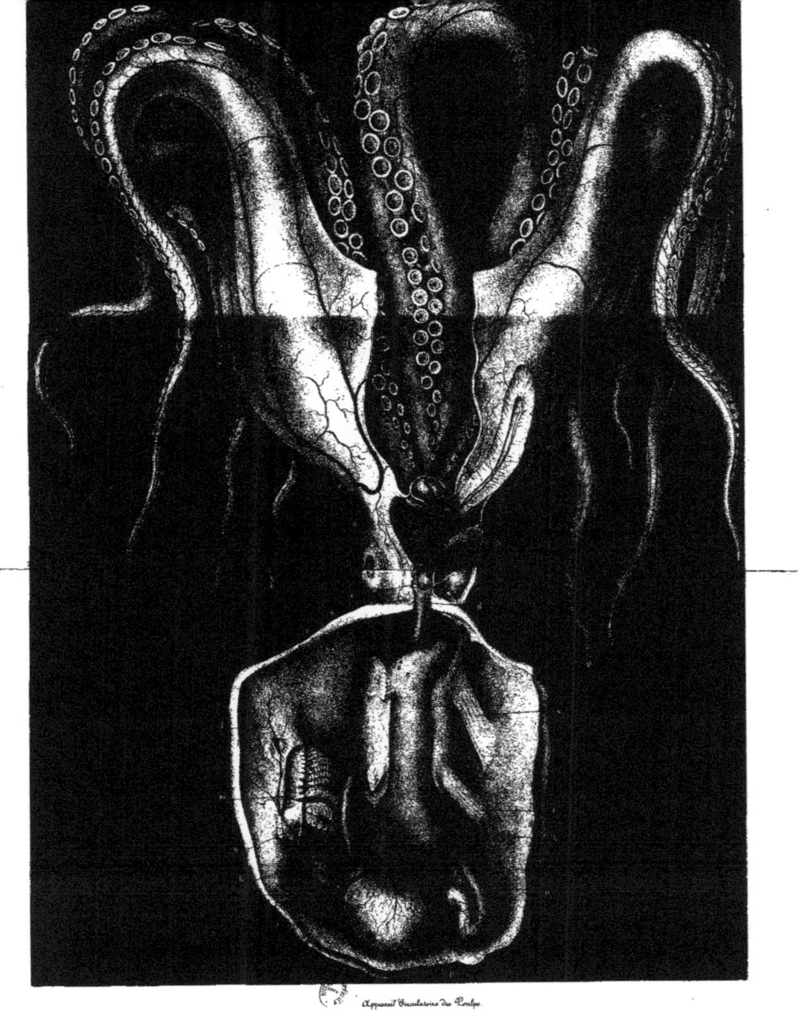

Appareil Circulatoire du Poulpe.

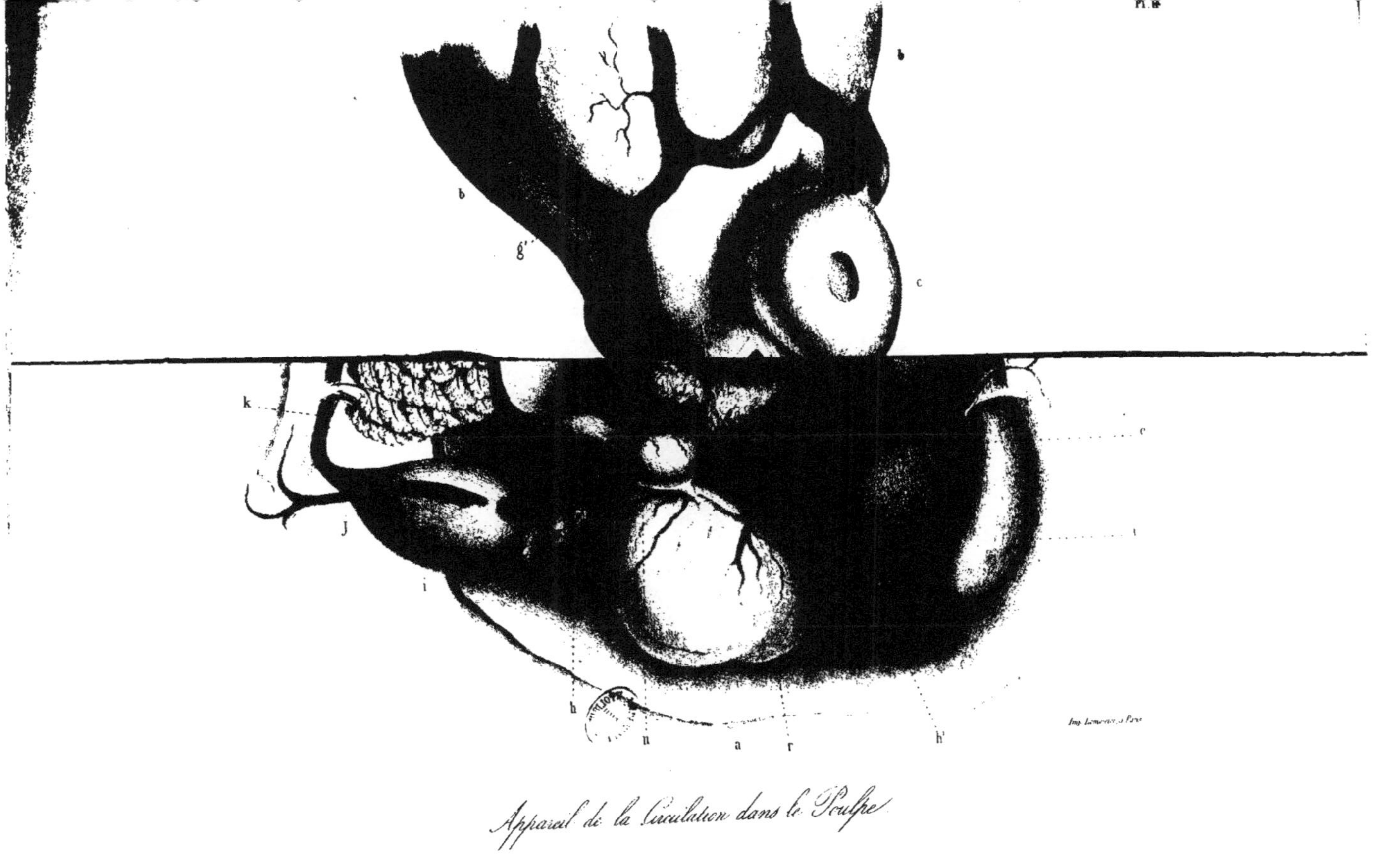

Appareil de la Circulation dans le Poulpe

Pl 14

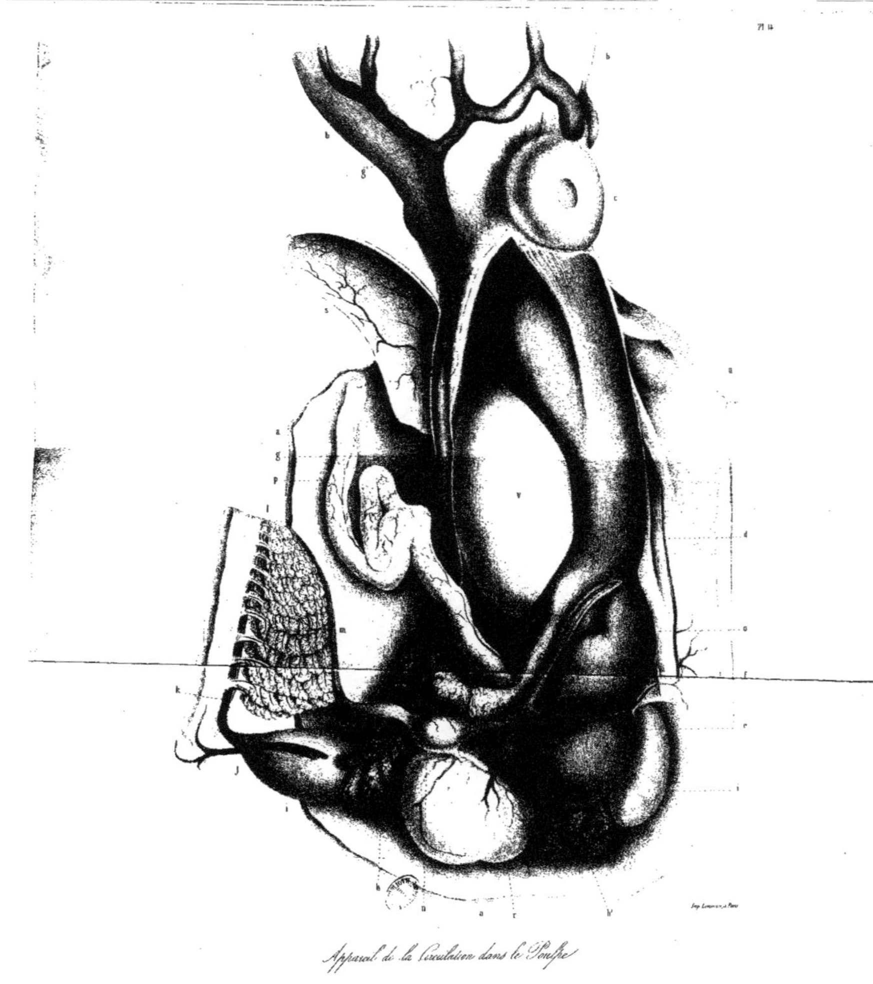

Imp. Lemercier, à Paris

Appareil de la Circulation dans le Poulpe

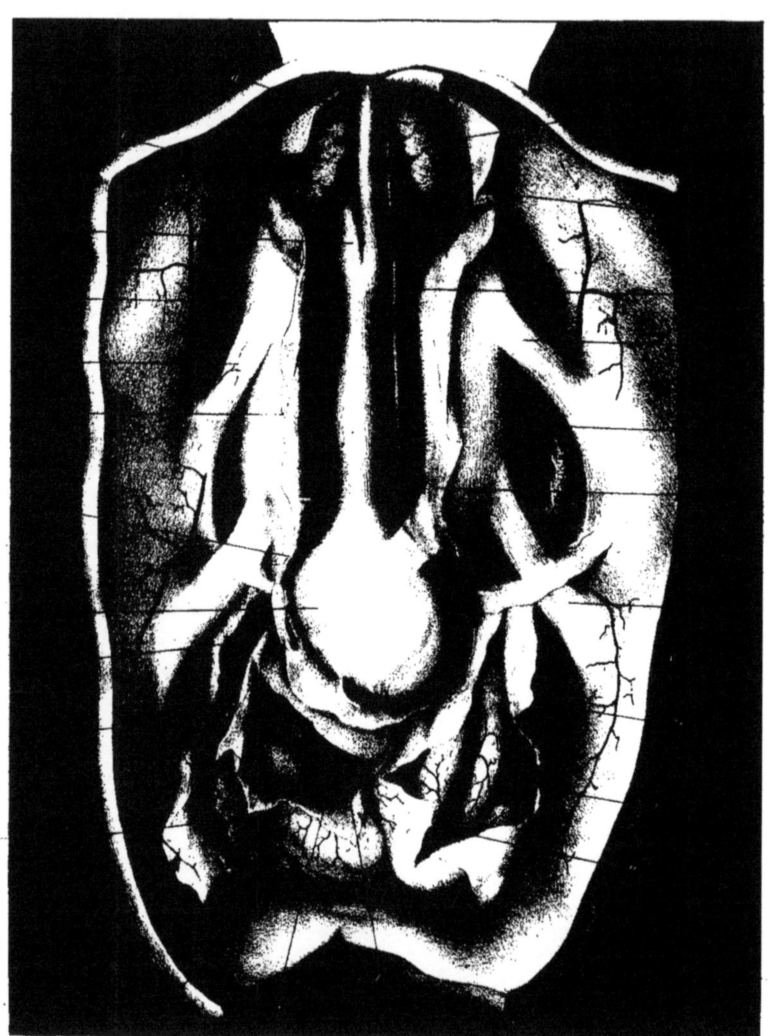

Appareil de la Circulation dans le Poulpe.

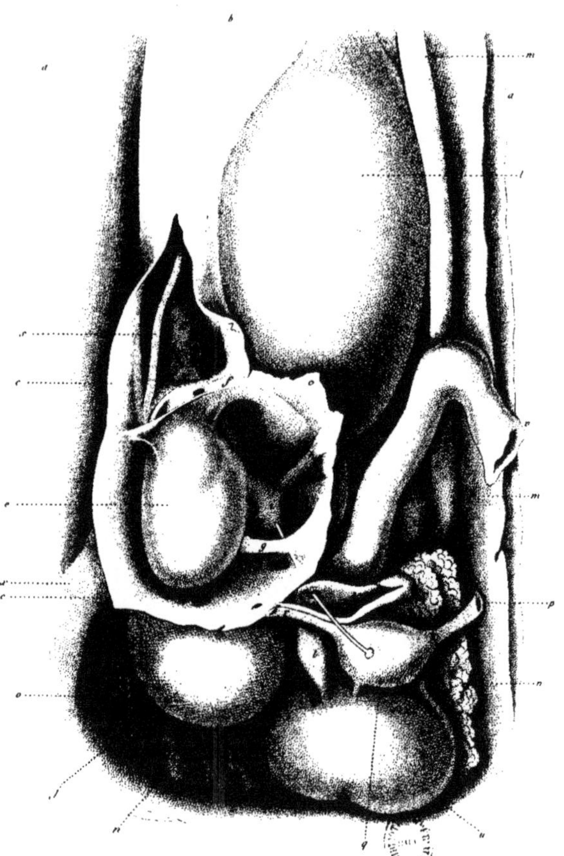

Appareil de la circulation dans le Poulpe.

N. Remond imp.

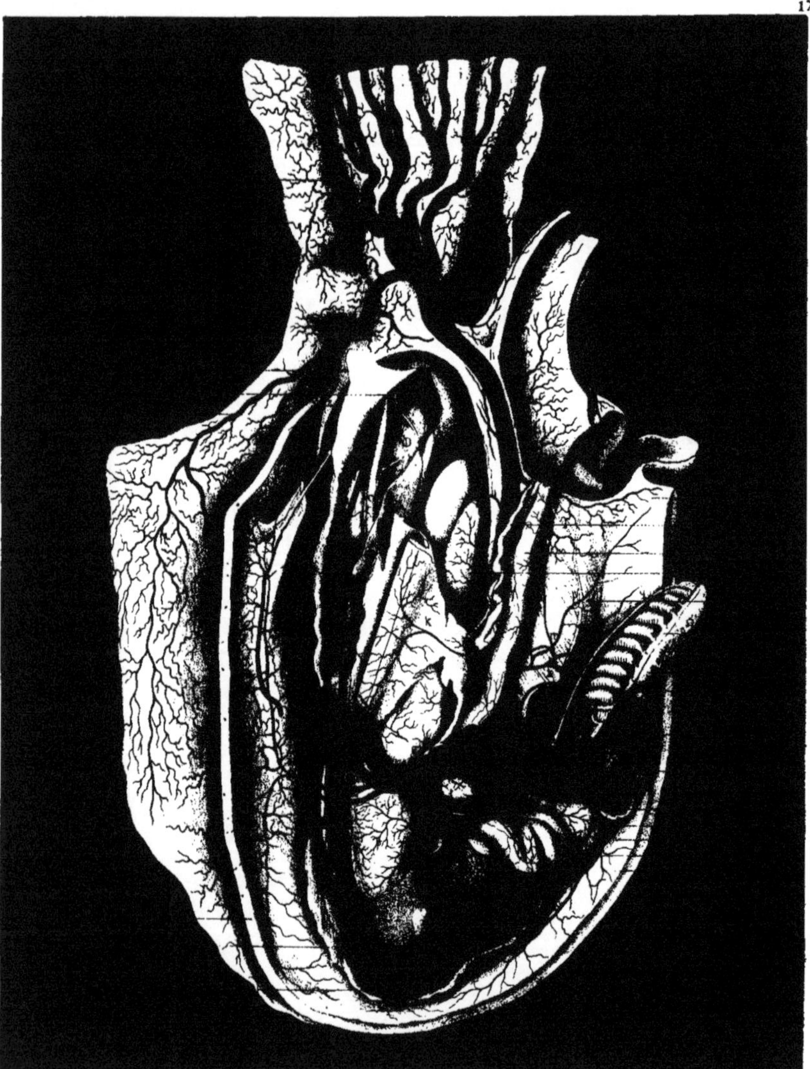

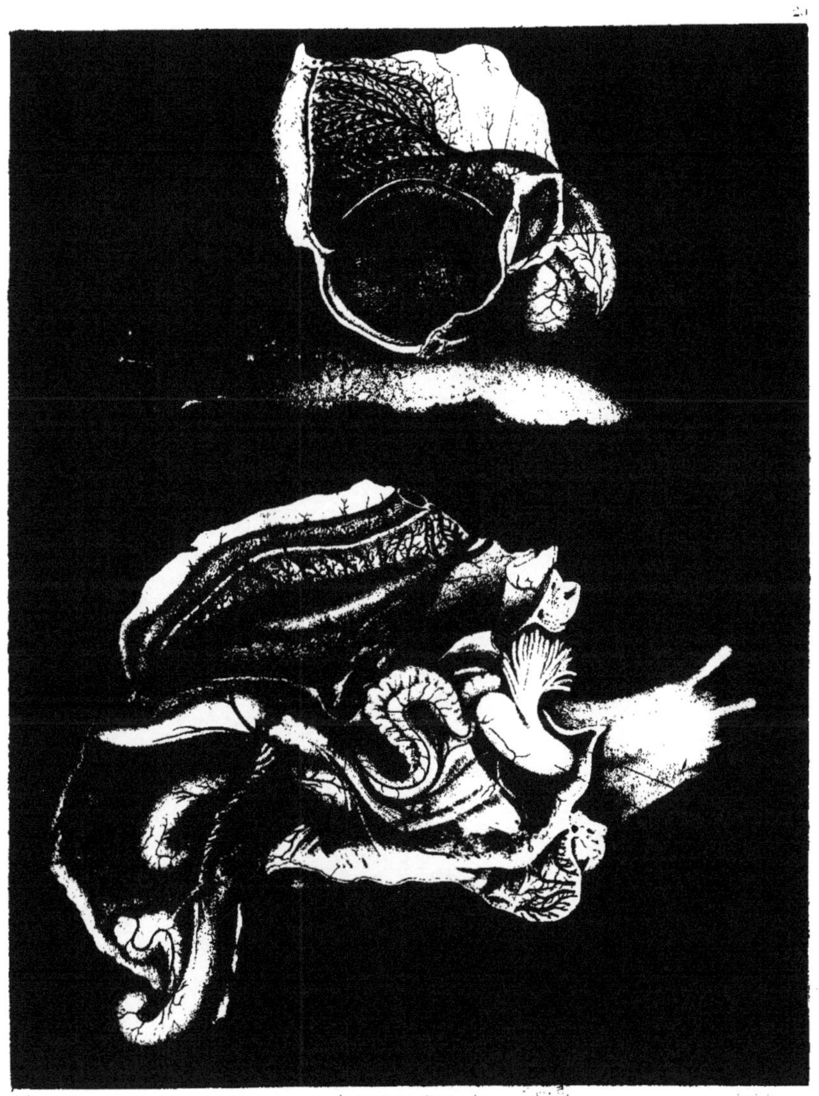

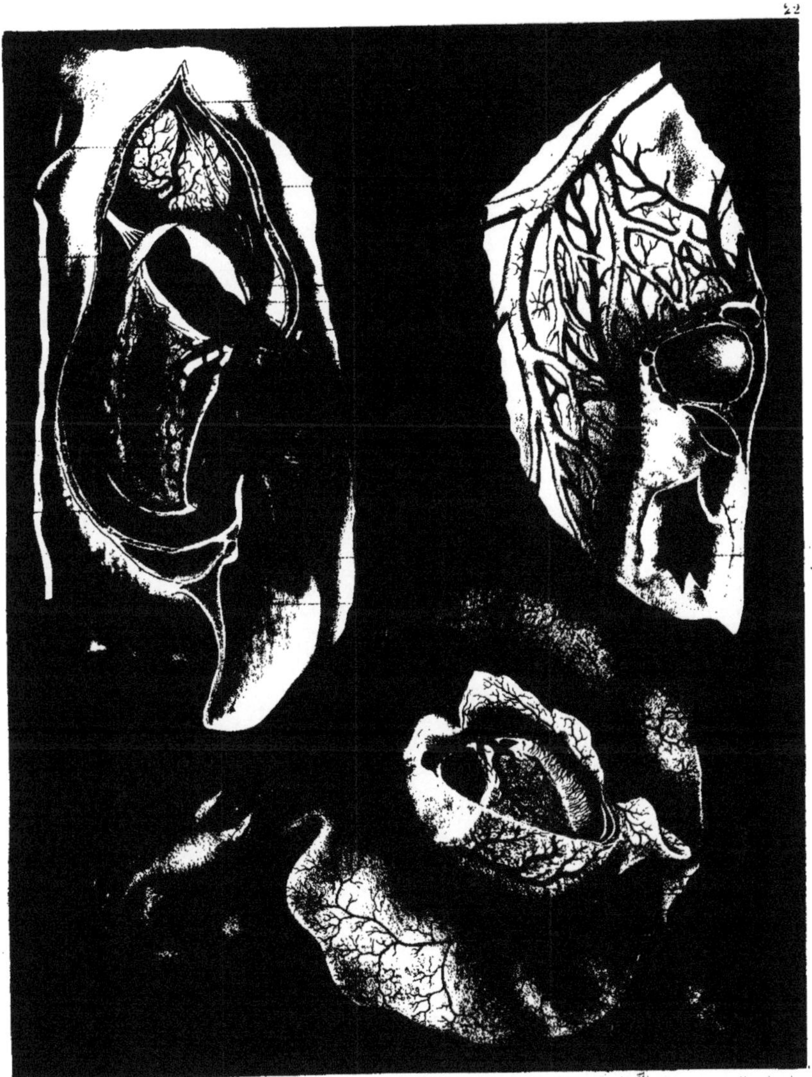

Edwards del

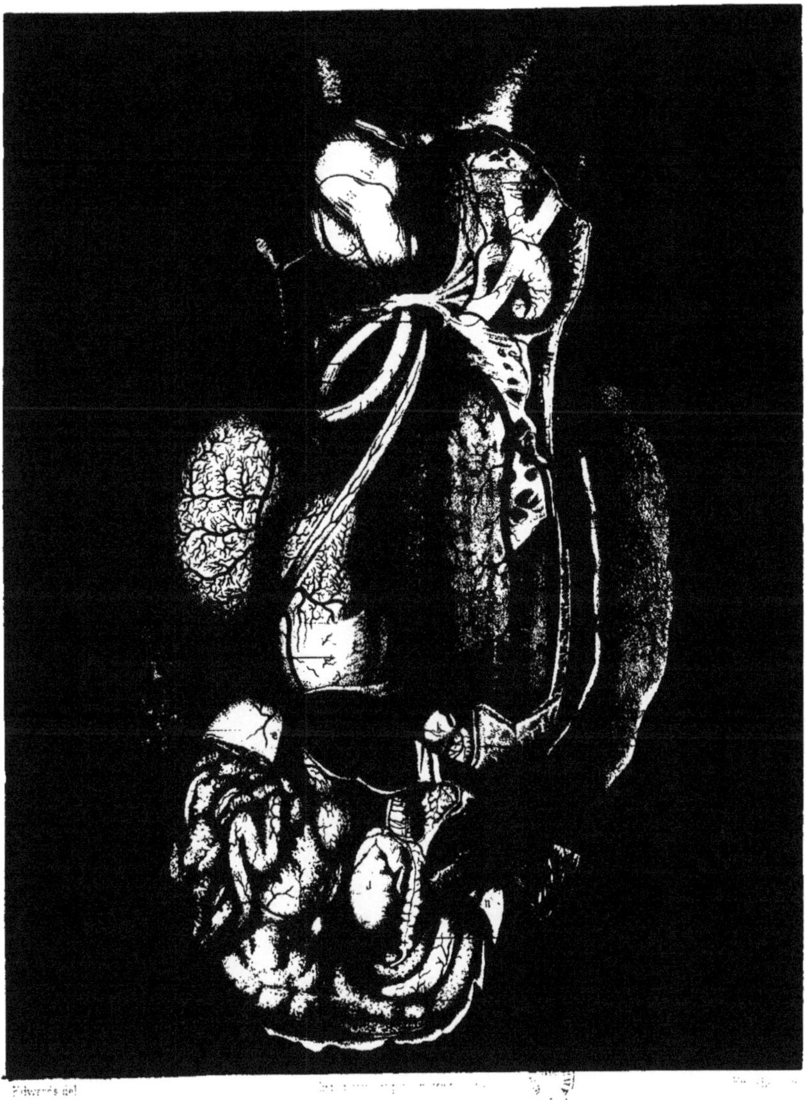

Edwards del.

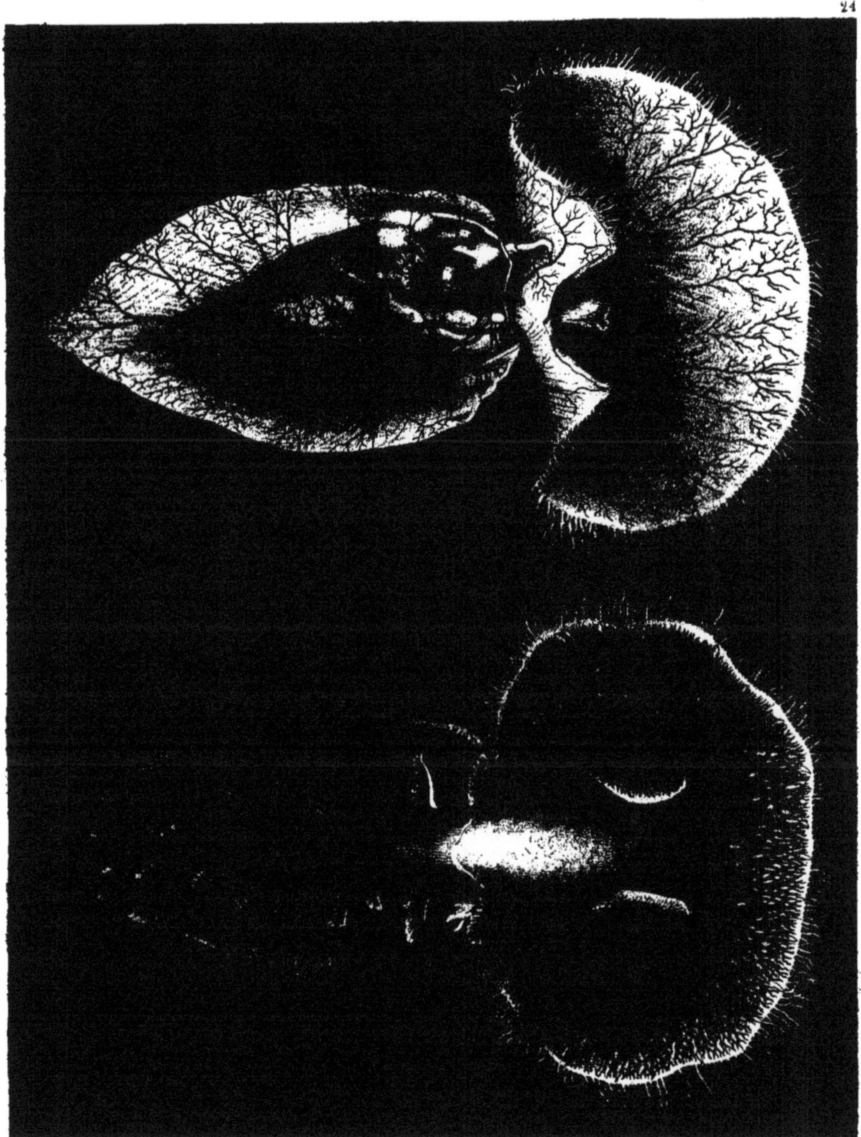

Edwards del

APPAREIL CIRCULATOIRE DES THETHYS

Pl. 25

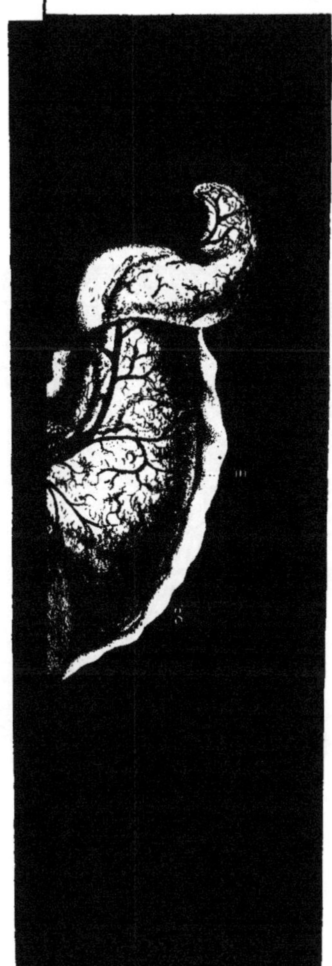

Pl. 23

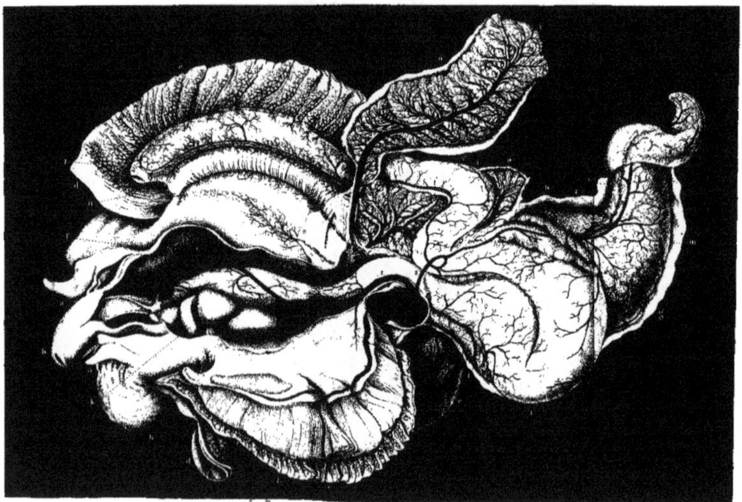

Appareil de la Circulation dans le Colon

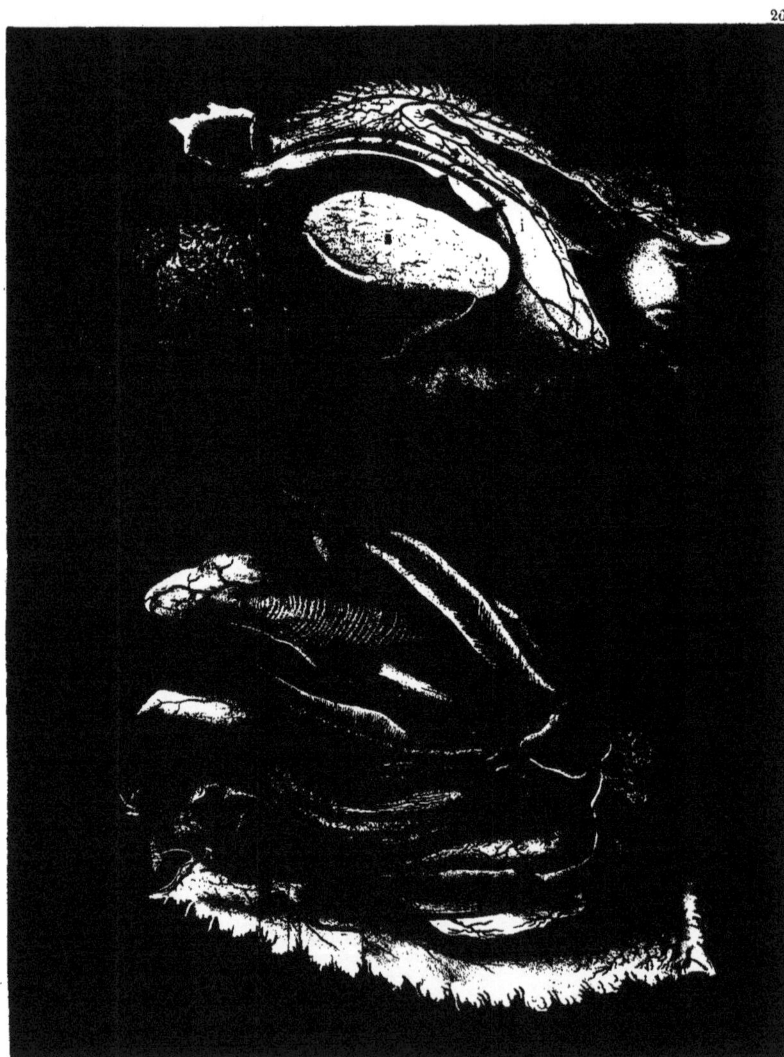

Edwards del.

APPAREIL CIRCULATOIRE DE L'HALIOTIDE

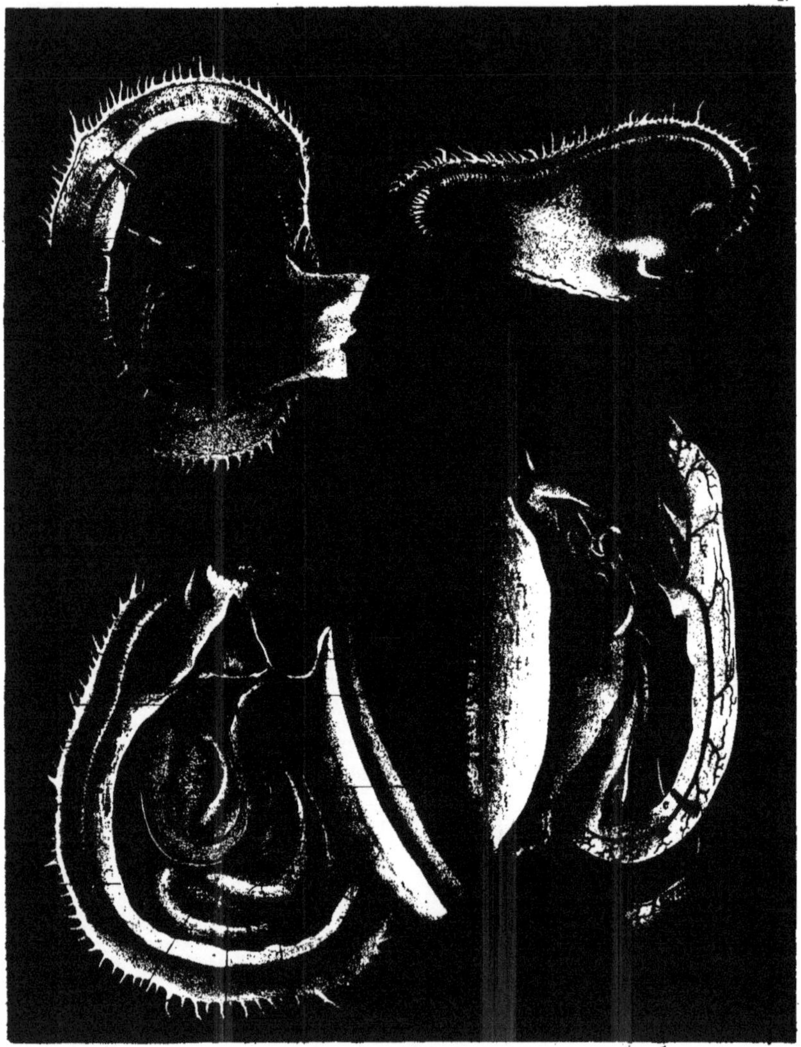

Edwards del. — Imp. … Paris — Émile Beau lith.

FIG. 1 APPAREIL CIRCULATOIRE DE L'HALIOTIDE

FIG. 2 APPAREIL CIRCULATOIRE DE LA PATELLE

28

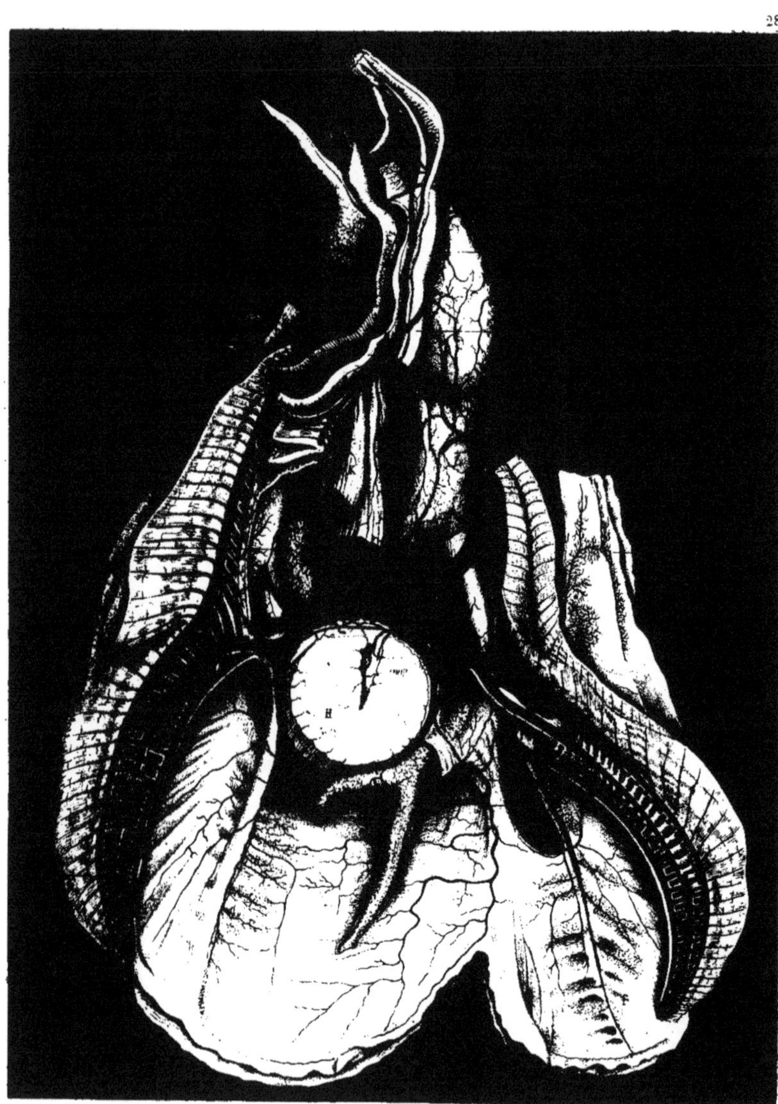

Edwards del.

www.ingramcontent.com/pod-product-compliance
Ingram Content Group UK Ltd.
Pitfield, Milton Keynes, MK11 3LW, UK
UKHW020546180726
13838UKWH00001B/72